3DCAD 時代における
幾何公差の表し方と測定

工学博士 **望月 達也** 【著】

コロナ社

ま え が き

　近年，ものづくりのデジタル化が急速に展開している。機械設計ではドラフターから 2DCAD・3DCAD に，製造部門では汎用工作機械から NC・CNC 工作機械に，検査では測長機から接触式三次元測定機・非接触式三次元測定機・計測用 X 線 CT 装置に移行している。

　ものづくりで大切なことは，あいまいさのない，明確な形体の定義である。例えば，平行な 2 平面をサイズ公差（例えば，50±0.1）で定義した場合，2 平面の距離（この例では，49.9〜50.1 mm）はわかる。ところが，どちらの平面を基準にするかはわからない。また，一般に工作機械で平行な 2 平面のブロックや溝を加工すると，平面にはある程度の凹凸やゆがみが生じ，2 平面は平行からずれる。そのため，2 平面が平行からどの程度までずれてよいかを幾何公差で定義する。そして，ずれの程度は測定によって確認することになる。しかし，図面上に基準（例えば基準とする平面）の明示がなければ，設計者が意図していたのとは異なる基準で測られた数値を検証することになる。これでは測定で得られた数値の信頼性が低くなり，測定の再現性も乏しくなる。このような事態を避けるために，機械図面には基準であるデータムの定義が求められる。

　現在，中小企業を含め多くのものづくりの企業では三次元測定機を導入し，その測定機で出荷検査や受入れ検査を実施している。一方で，図面にはデータムや幾何公差が記入されるが，それらをどのように測定すればよいかの具体的な指示はない。機械製図の教科書には，幾何公差の説明はあっても，その測定方法までは記載がないことが多い。同様に，精密測定の教科書には測定機器の説明はあるが，データムや幾何公差の測定に関する記載は僅かである。

　機械加工や測定の基準となる平面や軸を接触式三次元測定機でどのように測

定するのか，直線や平面，穴や軸の直径と中心の位置を離散点の座標値 (x, y, z) からどのように計算するのか，それを理解して平面度，真円度，位置度などの幾何公差を 3D の形状モデルや図面で規制することができれば，製造情報や図面の明確さがさらに高まる。

　3DCAD による設計が主体の現在では，形状モデルと図面の両者が発注者から受注者に支給される。形状モデルは理論的に正確な形体である。この形体から許容できる誤差を定義したものが輪郭度である。検査では，非接触式三次元測定機で形体の表面を計測して点群データを求め，形状モデルと点群データを比較することで誤差を検証する。点群データで検証する方法が普及してくると，当然ではあるが図面に輪郭度が多用される。ISO の規格もこの流れに対応するように，規格の内容を変更している。

　そこで，本書では，幾何公差を主体とする図面†と，機械加工した部品を評価検証する測定の両者を学ぶ内容とした。具体的には，幾何公差に関わる用語や公差域，三平面データム系とワーク座標系，平面や穴の測定と最小二乗法による計算，面基準や穴基準の図面とその評価，回転体の図面とその評価，輪郭度の図面とその評価および 3D 単独図についてそれぞれ説明し，演習問題でそれらの理解度を深める内容とした。

　最後に，本書の読者対象は，機械設計の実務者から機械工学を専攻している学生まで幅広い技術者である。機械設計や機械製図を担当している教員にもぜひ一読していただきたい。

　2024 年 11 月

望月　達也

---

†　本書に記載した図面は，SOLIDWORKS 2023（SOLIDWORKS EDUCATION 2023）の「部品」で形状モデルを作成し，「図面」で作図したものである。

目　　　　　次

第1章　形体と幾何公差

第2章　三平面データム系とワーク座標系

第3章　円・平面・軸の測定

第4章　三平面をデータムとする穴の図面と評価

第5章　穴の軸直線をデータムにする図面とその評価

第6章　回転体と振れ公差

第7章　輪郭度とその評価

第8章　3D単独図とPMI

第 1 章

形体と幾何公差

　幾何公差を主体とする図面では，データム[†]，形状公差，姿勢公差，位置公差，振れ公差のそれぞれの定義，図示方法，公差域が重要になる。ここでは，そのような重要な要素に触れながら，幾何公差に関する規則を体系的に学習する。

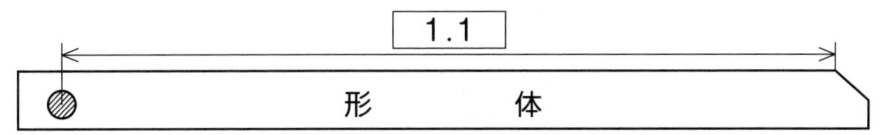

1.1 形　　体

　はじめに，機械部品の形状に関する用語を説明する。**形体**（feature）は部品の面，穴，溝，輪郭，軸線，中心面などの総称である。形体には**外殻形体**（integral feature）と**誘導形体**（derived feature）がある。**図 1.1** に示す円筒の**外側形体**（external feature）と**内側形体**（internal feature）は外殻形体である。一方，軸線は外側形体や内側形体から導かれる形体なので誘導形体である。

　円筒の形体を図面に指示されたサイズ（例えば直径 $\phi 20$）で厳密に製作す

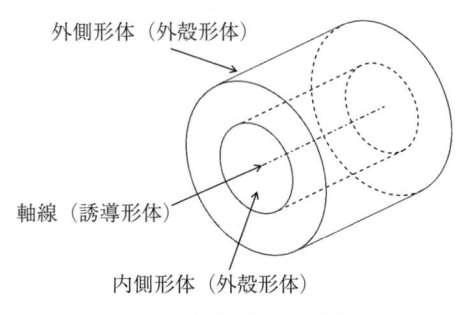

外側形体（外殻形体）

軸線（誘導形体）

内側形体（外殻形体）

図 1.1　外殻形体と誘導形体

---

†　公差域を設けるための理論的に正確な幾何学的基準。

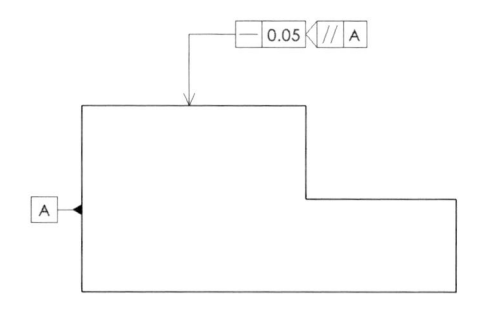

（a）　外殻形体への幾何公差の指示

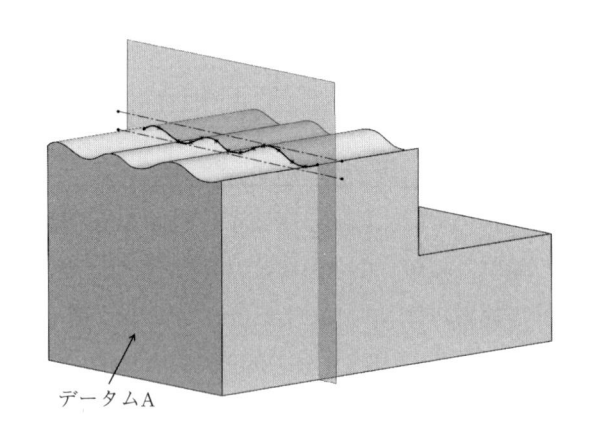

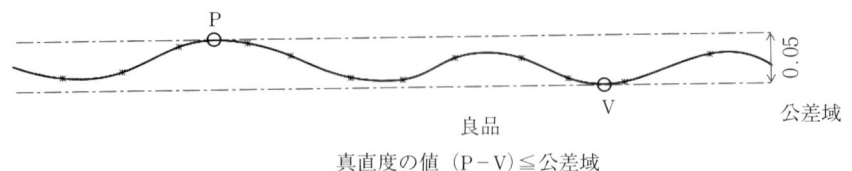

良品

真直度の値（P−V）≦公差域

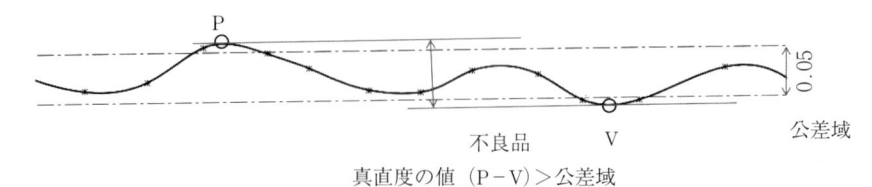

不良品

真直度の値（P−V）＞公差域

（b）　幾何公差（真直度）の公差域

図1.2　幾何公差の指示と公差域

ることは，至難の業である。高精度な加工機や熟練者の手仕上げでも誤差は必ずある。公差とは，許し得る誤差のことである。許容できる最大の寸法を上の許容サイズ，許容できる最小の寸法を下の許容サイズと呼び，上の許容サイズと下の許容サイズとの差をサイズ公差と言う。

サイズ（size）と**サイズ公差**（size tolerance）は形体の大きさを規制するものである。一方，**幾何公差**（geometrical tolerance）は形体のゆがみ，曲がり，凹凸，位置のずれなどを規制するものである。ノギスやマイクロメータは2点間の距離でサイズを，接触式三次元測定機は離散点の直交座標系の値からサイズや幾何公差を，真円度測定機は極座標系の値から回転体の幾何公差を計測する機器である。計測機器による機械部品の評価では，基準が明確であることが図面に求められる。

図1.2（a）は外殻形体の上面に真直度（1.2節参照）の幾何公差を指示する例である。この指示は，前から順に，⊟は真直度の記号，0.05は公差，◁はインジケータの記号，//は平行の記号，Ⓐは基準の面となるデータム（2章参照）を示す。図（b）にその意味を示す。真直度を測定する面は，データムAに平行で上面の任意の位置にある。その位置で形体の上面の真直度を測定したとき，0.05 mm だけ離れた平行二直線の間に測定データが入ることを示唆している。つまり，0.05 mm が真直度の公差域ということである。インジケータの記号は，**交差平面指示記号**（intersection plate indicator）と呼ぶ。

図1.3は誘導形体に幾何公差を指示する例である。この指示は，直径20 mm（$\phi 20$）のピンの軸を測定したとき，真直度の公差域が軸全体で$\phi 0.1$，長さ10 mm の範囲で$\phi 0.05$であることを示している。誘導形体の幾何公差は図（a）のように寸法線の延長線上に記入する。これは図示の原則である。ただし，図（b）のように矢印は外殻形体を指しているが，公差域のあとにⒶを付けると誘導形体である軸線の公差域を示していることになる。

丸棒や穴などの円筒形体を加工すると，軸線は曲がり，軸線に垂直な横断面はゆがんだ円になる。測定では，曲がりやゆがみがある形体から誘導形体である軸を求めることになる。**図1.4**に**軸線**と**軸直線**を示す。軸線は複数の横断面

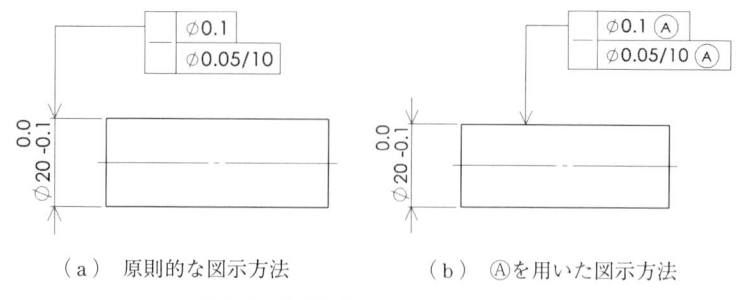

（a） 原則的な図示方法   （b） Ⓐを用いた図示方法

図1.3 誘導形体への幾何公差の指示

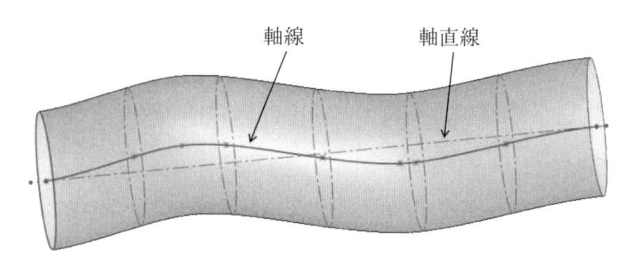

図1.4 軸線と軸直線

の中心を結んだ線である。軸直線は軸線から推定するまっすぐな軸線である。

　平行な二つの平面の加工でも曲がりやゆがみがある。**図1.5**に誘導形体の**中心面**と**中心平面**を示す。中心面は図（a）に示すように，二つの面上の同一点を結ぶ直線の中点で構成した面である。中心平面は図（b）に示すように，中心面から推定する幾何学的な平面である。

　機械加工，電気加工，鍛造，ダイカスト，成形加工などのものづくりでは，

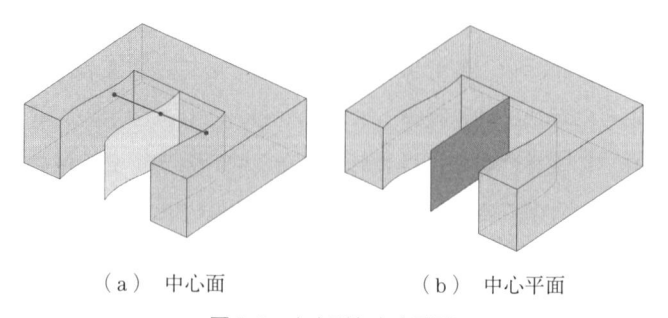

（a） 中心面   （b） 中心平面

図1.5 中心面と中心平面

接触式三次元測定機，非接触式三次元測定機，真円度測定機で加工物の形状や寸法を評価している。**図1.6** に示すように，**接触式三次元測定機**（図（a））では測定点の座標値 (x, y, z) を，**非接触式三次元測定機**（図（b））では空間に離散する点群の座標値 $(x_i, y_i, z_i, i=1, \cdots, n)$ を，**真円度測定機**（図（c））ではスピンドルを Z 軸とする極座標値 (r, θ, z) をそれぞれ測定する。いずれも座標値の測定なので，図面には座標系を指示する基準が必要になる。図面では基準をデータム（2 章参照）で指示する。外殻形体の平面，誘導形体の軸直線や中心平面がデータムになる。

直交座標系
(x, y, z)

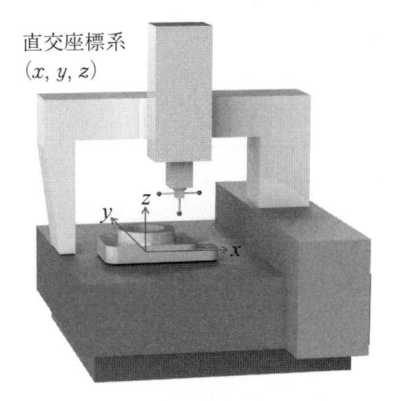

点群データ
$(x_i, y_i, z_i, i=1, \cdots, n)$

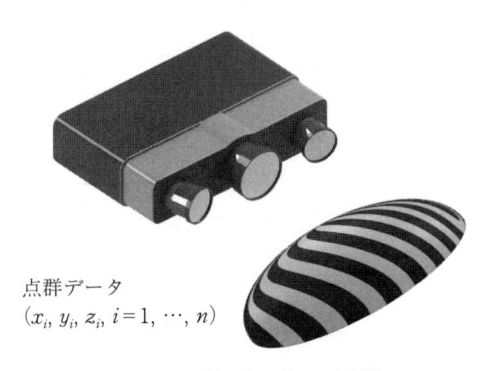

（a）　接触式三次元測定機　　　　　　　（b）　非接触式三次元測定機

極座標系
(r, θ, z)

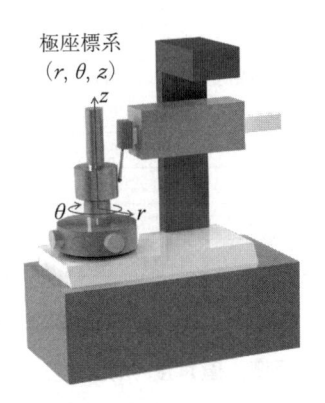

（c）　真円度測定機

図1.6　測定機と座標系

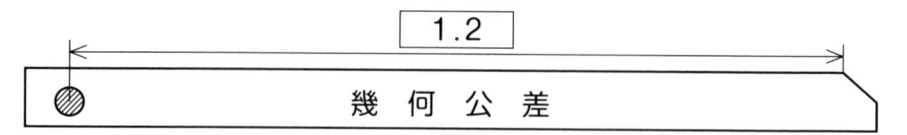

表1.1 に JIS B 0021 で規定している幾何公差の種類と記号を示す。幾何公差には，形体のみを規制する**形状公差**，データムに対する形体の姿勢を規制する**姿勢公差**，形体の位置を規制する**位置公差**，回転体の振れを規制する**振れ公差**がある。

表 1.1 幾何公差の記号

公差の種類	特 性	記 号
形状公差	真直度	—
	平面度	▱
	真円度	○
	円筒度	⌭
	線の輪郭度	⌒
	面の輪郭度	⌓
姿勢公差	平行度	//
	直角度	⊥
	傾斜度	∠
	線の輪郭度	⌒
	面の輪郭度	⌓
位置公差	位置度	⊕
	同心度（中心点に対して）	◎
	同軸度（軸線に対して）	◎
	対称度	⚌
	線の輪郭度	⌒
	面の輪郭度	⌓
振れ公差	円周振れ	↗
	全振れ	⌰

形状公差には，**真直度**，**平面度**，**真円度**，**円筒度**，**線の輪郭度**，**面の輪郭度**がある。姿勢公差には，**平行度**，**直角度**，**傾斜度**，線の輪郭度，面の輪郭度がる。位置公差には，**位置度**，**同心度**，**同軸度**，**対称度**，線の輪郭度，面の輪郭度がある。振れ公差には，**円周振れ**，**全振れ**がある。これらの公差は，「JIS B

0021 製品の幾何特性仕様（GPS：geometrical product specifications）－幾何公差表示方式－　形状，姿勢，位置及び振れの公差表示方式」に詳細な記述がある。**図1.7**〜**図1.18** にその一部を示す。

　なお，図1.7〜図1.18 に記載のない位置度は 4 章と 5 章に，振れは 6 章に，輪郭度は 7 章にそれぞれ詳細に説明してある。

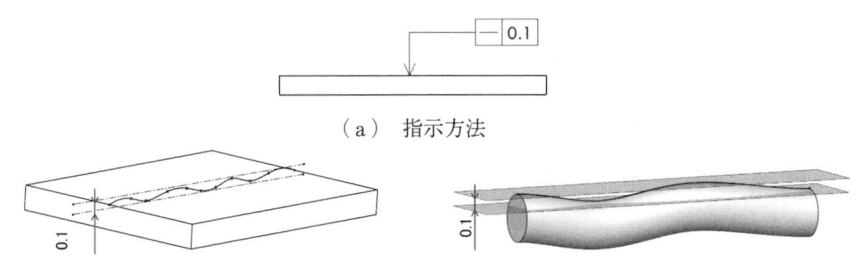

（a）　指示方法

上側表面上で，指定された方向における投影面に平行な任意の実際の（再現した）線は，0.1 mm だけ離れた平行 2 直線の間になければならない。（JIS B 0021：1998 より抜粋）

円筒表面上の任意の実際の（再現した）母線は，0.1 mm だけ離れた平行 2 平面の間になければならない。（JIS B 0021：1998 より抜粋）

（b）　公差域

図1.7　真直度

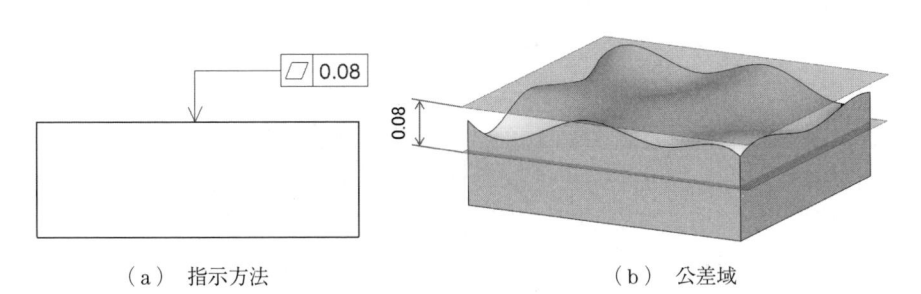

（a）　指示方法　　　　　　　　　　（b）　公差域

実際の（再現した）平面は 0.08 mm だけ離れた平行 2 平面の間になければならない。（JIS B 0021：1998 より抜粋）

図1.8　平面度

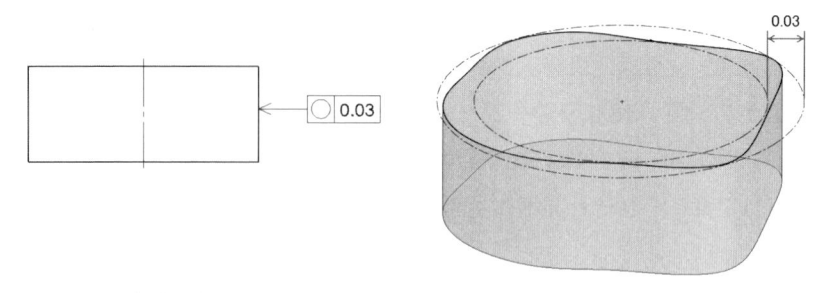

（a）　指示方法　　　　　　　　　　（b）　公差域

円筒および円すい表面の任意の横断面において，実際の（再現した）半径方向の線は半径距離で 0.03 mm だけ離れた共通平面上の同軸の二つの円の間になければならない。（JIS B 0021：1998 より抜粋）

図1.9　真円度

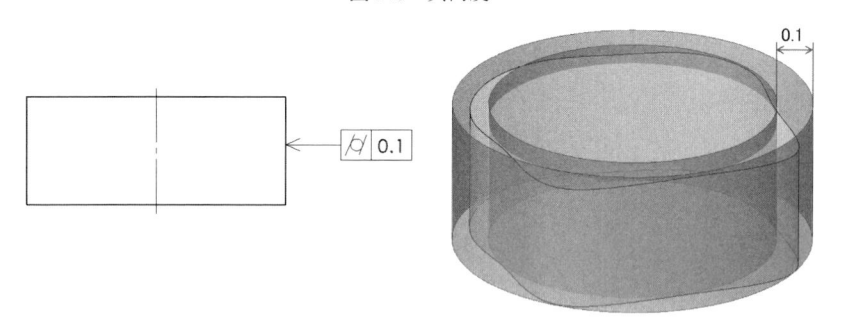

（a）　指示方法　　　　　　　　　　（b）　公差域

実際の（再現した）円筒表面は，半径距離で 0.1 mm だけ離れた同軸の二つの円筒の間になければならない。（JIS B 0021：1998 より抜粋）

図1.10　円筒度

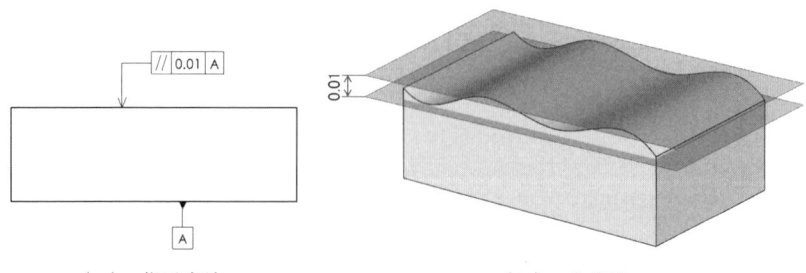

（a）　指示方法　　　　　　　　　　（b）　公差域

実際の（再現した）表面は，0.01 mm だけ離れ，データム平面 A に平行な平行2平面の間になければならない。（JISB 0021：1998 より抜粋）

図1.11　平行度：データム平面に関連した表面の平行度公差

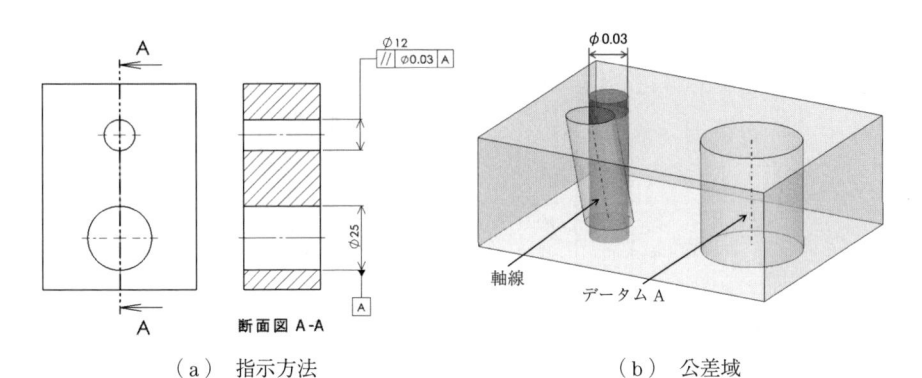

（a）　指示方法　　　　　　　　　　　　　　　　（b）　公差域

実際の（再現した）軸線は，データム軸直線 A に平行で直径 0.03 mm の円筒公差域の中になければ
ならない。（JIS B 0021：1998 より抜粋）

図 1.12　平行度：データム直線に関連した線の平行度公差

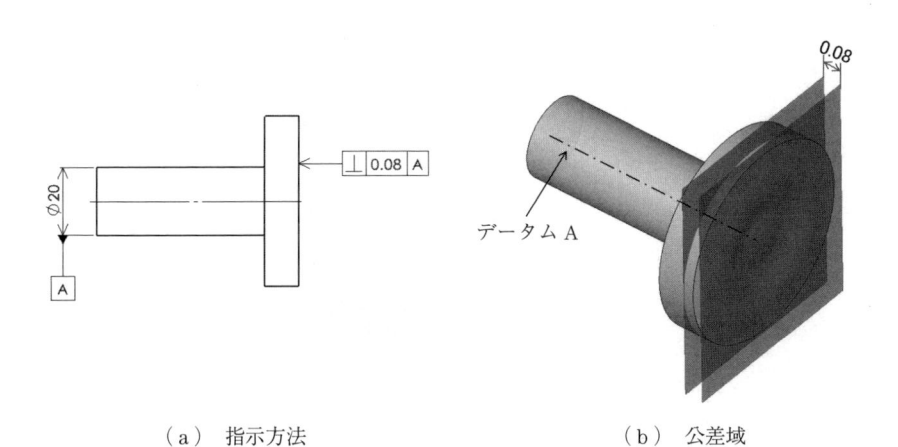

（a）　指示方法　　　　　　　　　　　　　　　　（b）　公差域

実際の（再現した）表面は，0.08 mm だけ離れ，データム軸直線に垂直な平行 2 平面の間に
なければならない。（JISB 0021：1998 より抜粋）

図 1.13　直角度：データム平面に関連した表面の直角度公差

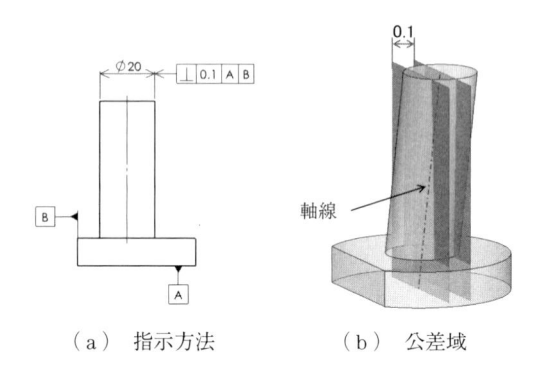

（ a ）　指示方法　　　　　（ b ）　公差域

円筒の実際の（再現した）軸線は，0.1 mm だけ離れ，データム平面 A に垂直な平行 2 平面の間になければならない。（JIS B 0021：1998 より抜粋）

図 1.14　直角度：データム平面に関連した線の直角度公差

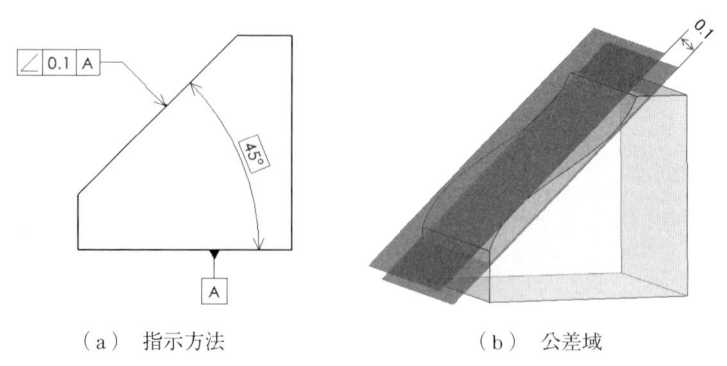

（ a ）　指示方法　　　　　（ b ）　公差域

実際の（再現した）表面は，0.1 mm だけ離れ，データム平面 A に対して理論的に正確に 45°傾いた平行 2 平面の間になければならない。（JIS B 0021：1998 より抜粋）

図 1.15　傾斜度：データム平面に関連した平面の傾斜度公差

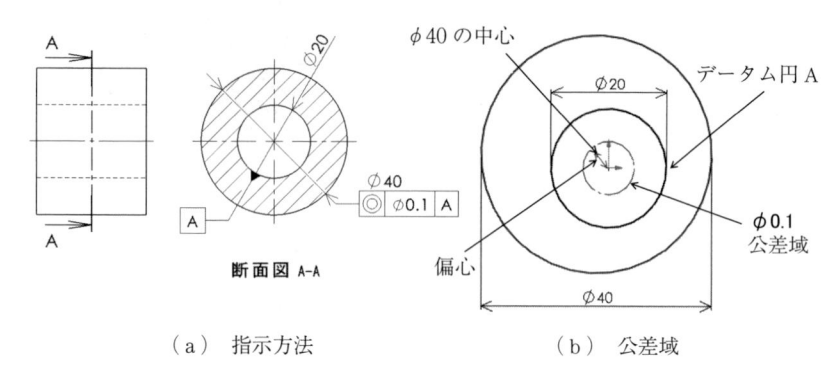

（a）　指示方法　　　　　　　　　（b）　公差域

外側の円の実際の（再現した）中心は，データム円 A に同心の直径 0.1 mm の円の中になければ
ならない。（JIS B 0021：1998 より抜粋）

図 1.16　同心度：点の同心度公差

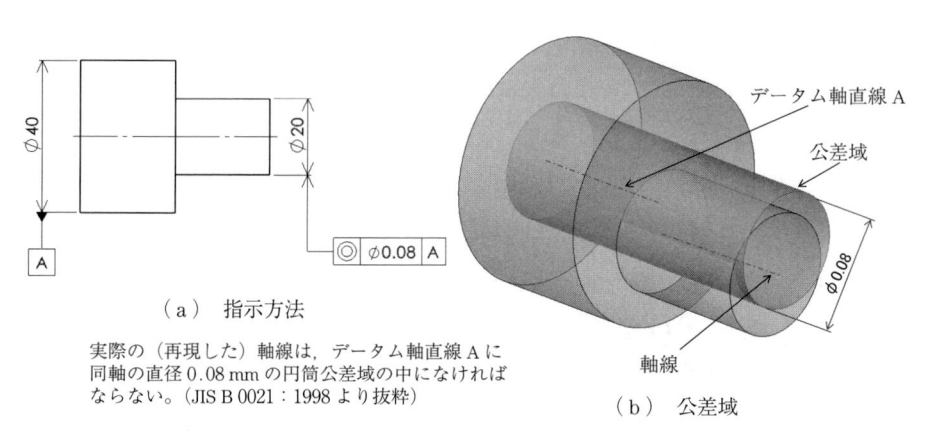

（a）　指示方法

実際の（再現した）軸線は，データム軸直線 A に
同軸の直径 0.08 mm の円筒公差域の中になければ
ならない。（JIS B 0021：1998 より抜粋）

（b）　公差域

図 1.17　同軸度：軸線の同軸度公差

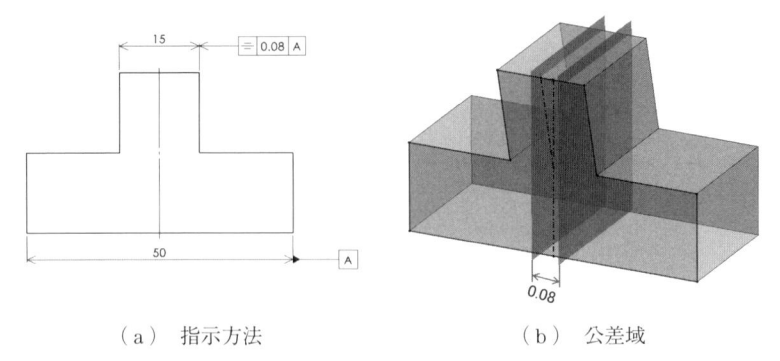

|（a）　指示方法|（b）　公差域|

実際の（再現した）中心平面は，データム中心平面 A に対称で，0.08 mm だけ離れた平行2 平面の間になければならない。（JIS B 0021：1998 より抜粋）

図 1.18　対称度：中心平面の対称度公差

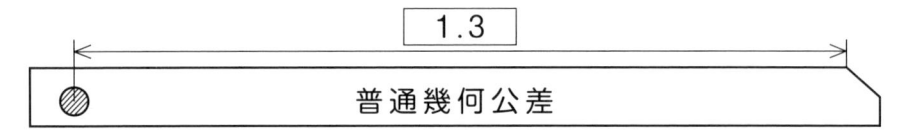

1.3　普通幾何公差

　図面に記入するサイズにサイズ公差を明記しないと加工や検査において寸法の良・不良を検証することができない。しかし，すべてのサイズにサイズ公差を明記すると図面が煩雑になり，その作業も煩わしく，作業効率も良くない。さらに，重要なサイズ公差を見失う原因にもなる。そのため，JIS では，サイズ公差の指示がないサイズに適用する「普通サイズ公差」の規格を制定している。JIS B 0403，JIS B 0405，JIS B 0408）。

　サイズ公差と同様に幾何公差にも普通幾何公差の規定がある。JIS B 0419「普通公差 − 第 2 部：個々に公差の指示がない形体に対する幾何公差」では，真直度，平面度，真円度，平行度，直角度，対称度，円周振れについて規定している。普通幾何公差の等級には，H，K，L の三つがある。図面に JIS B 0419-K と表記すれば普通幾何公差は K 級になる。また，JIS B 0419-mK と表記すれば普通サイズ公差は m 級，普通幾何公差は K 級になる。

　普通幾何公差の真直度と平面度の許容値を**表 1.2** に，直角度の許容値を**表 1.3** に，対称度の許容値を**表 1.4** に，それぞれ示す。呼び長さの区分と等級に

表1.2 真直度および平面度の許容値

[単位：mm]

公差等級	呼び長さの区分					
	10 以下	10 を超え 30 以下	30 を超え 100 以下	100 を超え 300 以下	300 を超え 1 000 以下	1 000 を超え 3 000 以下
	真直度公差及び平面度公差					
H	0.02	0.05	0.1	0.2	0.3	0.4
K	0.05	0.1	0.2	0.4	0.6	0.8
L	0.1	0.2	0.4	0.8	1.2	1.6

表1.3 直角度の許容値

[単位：mm]

公差等級	短いほうの辺の呼び長さの区分			
	100 以下	100 を超え 300 以下	300 を超え 1 000 以下	1 000 を超え 3 000 以下
	直角度公差			
H	0.2	0.3	0.4	0.5
K	0.4	0.6	0.8	1
L	0.6	1	1.5	2

表1.4 対称度の許容値

[単位：mm]

公差等級	呼び長さの区分			
	100 以下	100 を超え 300 以下	300 を超え 1 000 以下	1 000 を超え 3 000 以下
	対称度公差			
H	0.5			
K	0.6		0.8	1
L	0.6	1	1.5	2

表1.5 円周振れの許容値

[単位：mm]

公差等級	円周振れ公差
H	0.1
K	0.2
L	0.5

分けて，公差の許容値をそれぞれ規定している。真円度は（図面に指示された）直径のサイズ公差の値が普通幾何公差の許容値になる。平行度は，サイズ公差，平面度の公差，真直度の公差の中で，最も大きな値が普通幾何公差の許容値になる。**表1.5**に円周振れの許容値を示す。円周振れは等級ごとに普通幾何公差の許容値を規定している。

第 2 章

三平面データム系とワーク座標系

　機械加工では外殻形体の平面や誘導形体の軸線を加工の基準にする。図面では，加工の基準になる形体に**データム**（datum）を付ける（データムを定義する）。直交する三つの平面をデータムとする座標系を三平面データム系という。測定では，この系を基準にしてワークの座標系を設定する。そのため，ここでは三平面データム系と接触式三次元測定によるワーク座標系の設定について学習する。

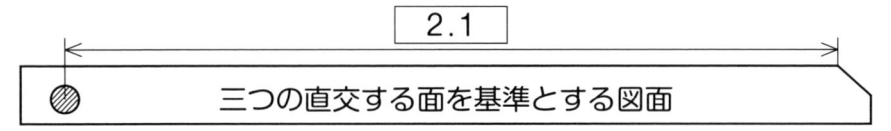

2.1　三つの直交する面を基準とする図面

　図 2.1 に三つの面をデータムとする図面を示す。第 1 データムが A，第 2 データムが B，第 3 データムが C である。この三つのデータムが交差する点が座標系の原点になる。

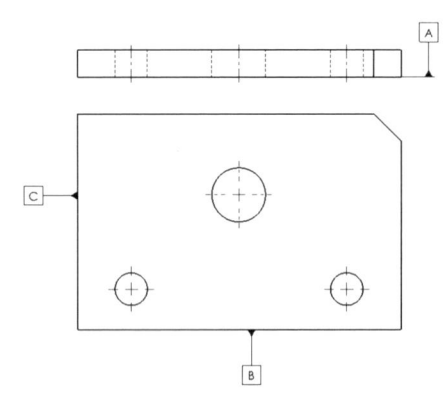

図 2.1　データムによる図面

接触式三次元測定機では，これらのデータムからワーク座標系を設定する。以下にその手順を示す。

1 ワークを測定機の定盤に取付け，データム A（上面）の面上をスタイラスで**図 2.2** に示すように測定する。3 点以上の座標値から平面 A を定義する。平面 A の法線ベクトルがワーク座標系の Z 軸の向きになる。

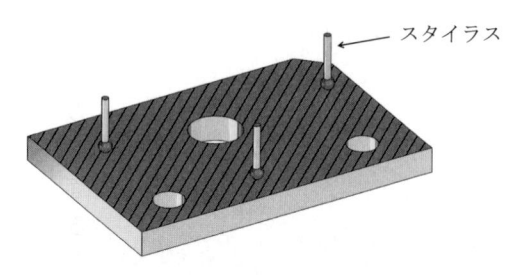

図 2.2 データム A（上面）のスタイラスによる測定

2 データム B（前側面）の面上をスタイラスで**図 2.3** に示すように測定する。2 点以上の座標値を平面 A（XY 平面）上に投影して，ワーク座標系の X 軸の向きを定義する。ワーク座標系は右手直交系であり，Z 軸と X 軸の向きが設定されれば自動的に Y 軸の向きは決まる。

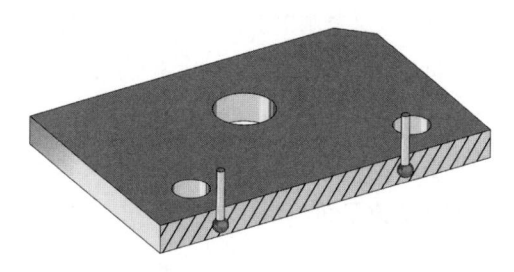

図 2.3 データム B（前側面）のスタイラスによる測定

3 データム C（左側面）の面上をスタイラスで**図 2.4** に示すように測定する。1 点の座標値を平面 A（XY 平面）上に投影して，投影した点を通過する X 軸の垂線と X 軸との交点を計算する。この交点がワーク座標系の原点になる。

これで，**図 2.5** に示すワーク座標系が設定される。

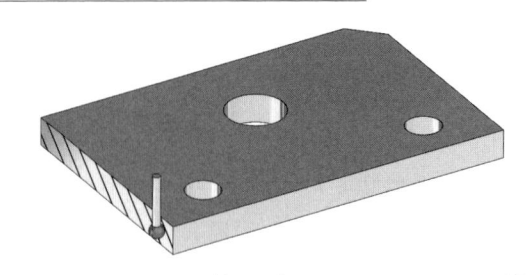

図2.4 データムC（左側面）のスタイラスによる測定

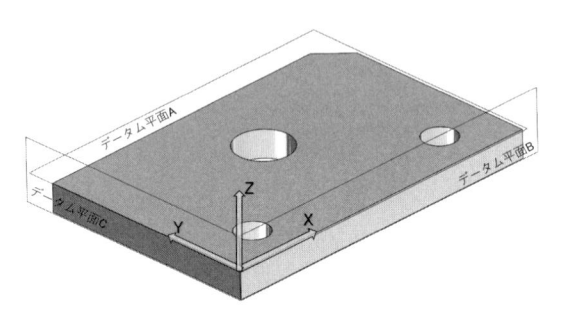

図2.5 ワーク座標系

　この方法は，加工物が直方体に加工できれば妥当である。ところが，実際の加工では，面にはうねりや粗さが，直方体には，ゆがみ，ねじれ，曲がりなどがある。そのため，スタイラスで測定する点の位置が異なるとワーク座標系の再現性は乏しくなる。再現性の高いワーク座標系を定義するためには，

① **図2.6**に示すようにデータムAの面上の広い領域で多くの点を測定し，誤差が最小になる平面を計算で定義する。この計算には最小二乗法が使われているので，**最小二乗平面**と呼んでいる。ここでは最小二乗平面Aと

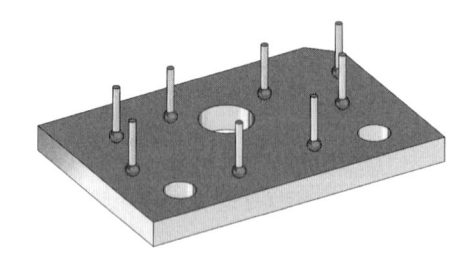

図2.6 最小二乗平面A

記す。

② データ B の面上も多点で測定し，最小二乗平面 A に垂直で誤差が最小な平面を計算で求める。ここでは最小二乗平面 B と記す。

③ データ C の面上も多点で測定し，最小二乗平面 A と B に垂直で誤差が最小な平面を計算で求める。ここでは最小二乗平面 C と記す。

④ 最小二乗平面 A と B の交線が X 軸に，A と C の交線が Y 軸に，B と C の交線が Z 軸になる。

ワーク座標系の再現性を考えるとこのような手順になるが，実務では図 2.1 に示したデータムに平面度や直角度の幾何公差を指示することで加工面の狂いを規制し，図 2.2 ～ 2.4 に示した方法でワーク座標系を設定している。その一例を**図 2.7** に示す。この図面には，データム A の面に平面度□を，データム B と C に直角度⊥を指示してある。

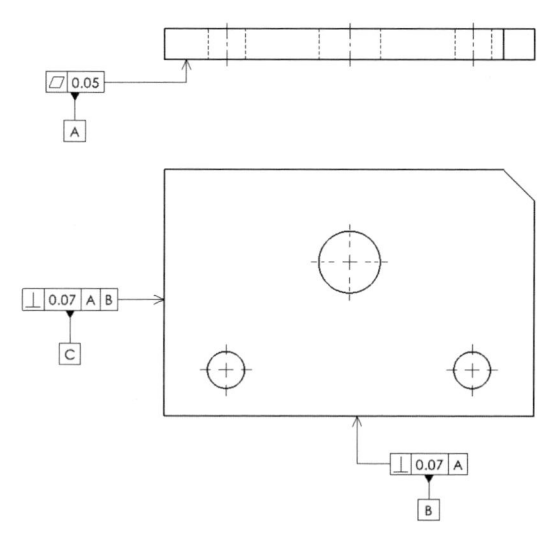

図 2.7 最小二乗平面によるワーク座標系

図 2.1 に示したデータム A の特定の領域をデータムターゲットとして定義するときには，**図 2.8** のように定義する。この図では，それぞれの位置が **TED**（theoretically exact dimension：理論的に正確な寸法）で指定された三つ

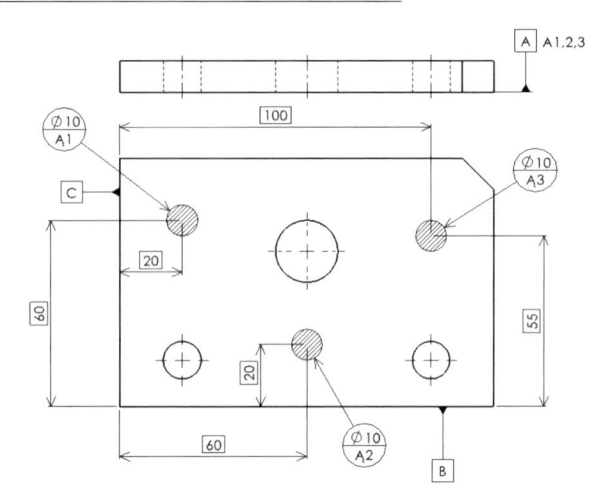

図2.8 特定の領域のデータムターゲット

の直径 10 mm の円（A1, A2, A3）の領域をデータムとして定義している。この場合，この三つの領域内（図の斜線部）をスタイラスで測定することになる。領域の図形は円のほかに，正方形や矩形のこともある。正方形のときは $\phi 10$ を□ 10（10 mm × 10 mm）に，矩形のときは $\phi 10$ を 10×20（10 mm × 20 mm）

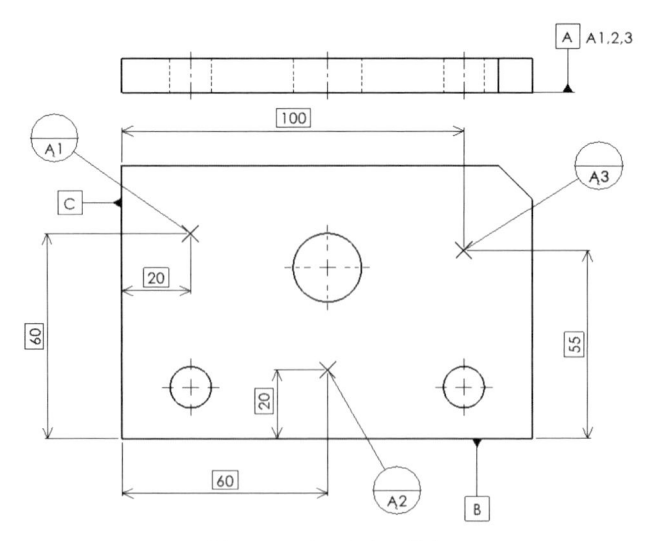

図2.9 3点で支える場合

に書き換える。また，データム A の面を 3 点で支えるときには，データムター
ゲットを**図 2.9** のように指示する。

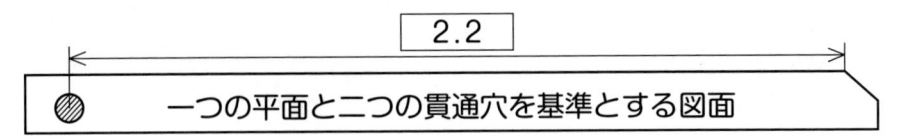

2.2 一つの平面と二つの貫通穴を基準とする図面

図 2.10 に，平面にデータム A を，直径 12 mm の二つの貫通穴にデータム B
と C を，それぞれ定義する図面を示す。直径の寸法線の延長線上にデータム
B と C を定義しているので，貫通穴（円筒）の軸直線がデータム B と C にな
る。このデータムから接触式三次元測定機でワーク座標系を設定する手順を以
下に示す。データム A は 2.1 節と同様に平面の測定で平面 A（あるいは最小
二乗平面 A）を定義する。データム B と C は円の測定になる。

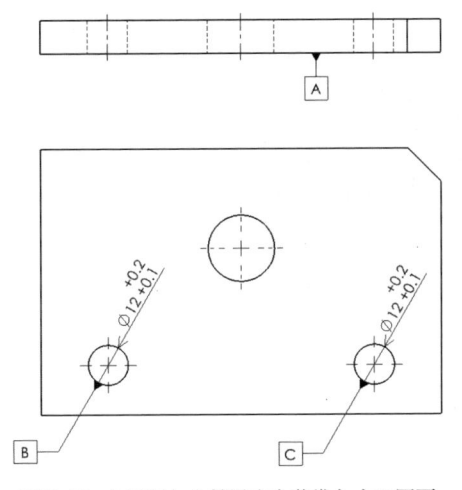

図 2.10 1 平面と 2 貫通穴を基準とする図面

1. データム B の貫通穴を円で測定する。**図 2.11** に示すようにスタイラス
   で貫通穴の円筒面から 3 点以上の座標値を測定する。それらの点を平面 A
   に投影して円の直径と中心の座標値を計算する。

2. データム C の貫通穴もデータム B の貫通穴と同様に，**図 2.12** に示すよ
   うにスタイラスで貫通穴の円筒面から 3 点以上の座標値を測定する。それ

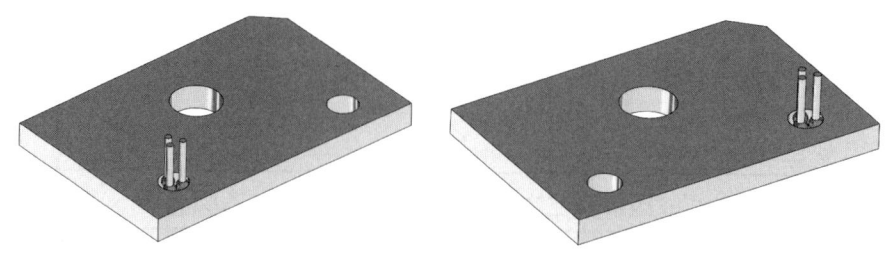

図 2.11　データム B の貫通穴を測定　　　　　**図 2.12**　データム C の貫通穴を測定

らの点を平面 A に投影して円の直径と中心の座標値を計算する。

③　データム B の円の中心を原点に，データム B の中心からデータム C の
　　円の中心に向けて X 軸を定義する。**図 2.13** にワーク座標系を示す。

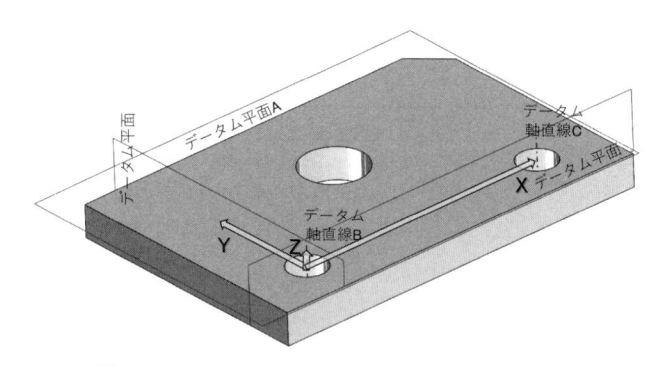

図 2.13　1 平面 2 貫通穴を基準とするワーク座標系

　この方法は，データム B と C の貫通穴が平面 A に垂直に加工できれば妥当
である。しかし，貫通穴が傾いて加工されると，貫通穴の円筒面を測定する点
の位置によってワーク座標系が異なることになる。そのため，実務では**図**
2.14 に示すように貫通穴に幾何公差の直角度と位置度を定義して，上記の方
法でワーク座標系を設定している。貫通穴の傾きや曲がりは貫通穴（円筒）の
軸線に定義するので，その指示方法を下記に示す。

①　二つの貫通穴に寸法（直径とサイズ公差）$\phi 12^{+0.2}_{+0.1}$ をそれぞれ記入する。

②　データム B の貫通穴の軸線には，データム A に対する直角度の幾何公
　　差 ⟂ φ0.1 A を寸法の下に記入する。

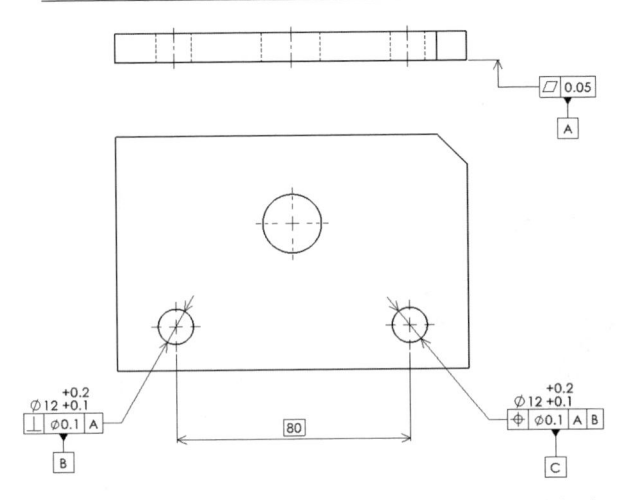

図2.14 幾何公差の直角度と位置度を定義したワーク座標系

3 直角度の幾何公差の枠からデータム B を記入する。

4 データム B の貫通穴とデータム C の貫通穴の中心間距離 80 mm を TED で記入する（TED の数値は□で囲んで示す）。

5 データム C の貫通穴の軸線には，データム A と B に対する位置度の幾何公差 $\boxed{\oplus\ \varnothing0.1\ |A|B}$ を寸法の下に記入する。

6 位置度の幾何公差の枠からデータム C を記入する。

この記入方法は，幾何公差で規制する形体（ここでは，貫通穴の軸線）をデータムに設定するものである。

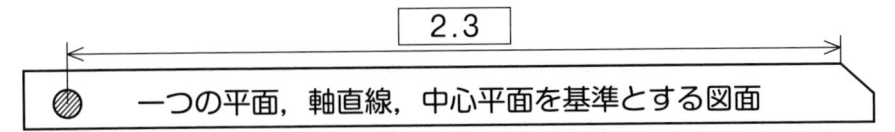

2.3 一つの平面，軸直線，中心平面を基準とする図面

回転部品では回転軸が，軸や円筒部品では軸直線が基準になる。**図2.15**に，円柱の軸直線をデータム A，軸直線に直交する平面をデータム B，切欠きの中心平面をデータム C とする図面を示す。この図面から接触式三次元測定機でワーク座標系を設定する手順を以下に示す。

1 データム A の円柱を円筒測定する。**図2.16**に示すようにスタイラスで

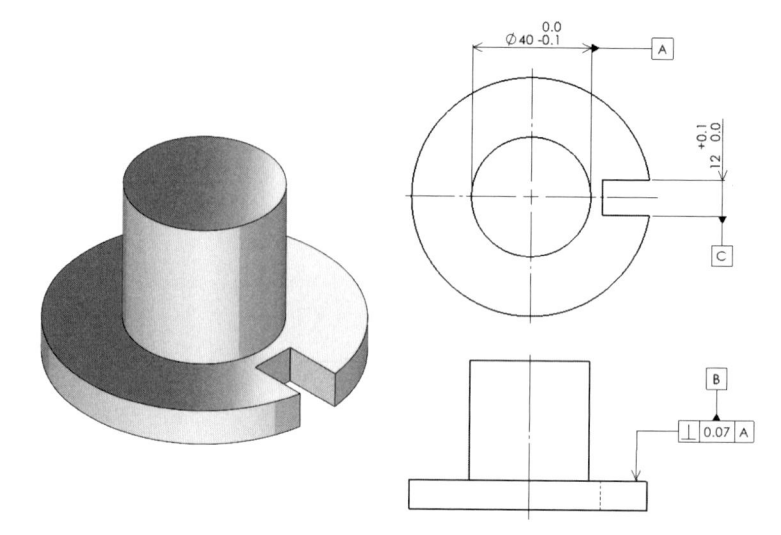

図2.15　一つの平面，中心軸，中心平面を基準とする図面

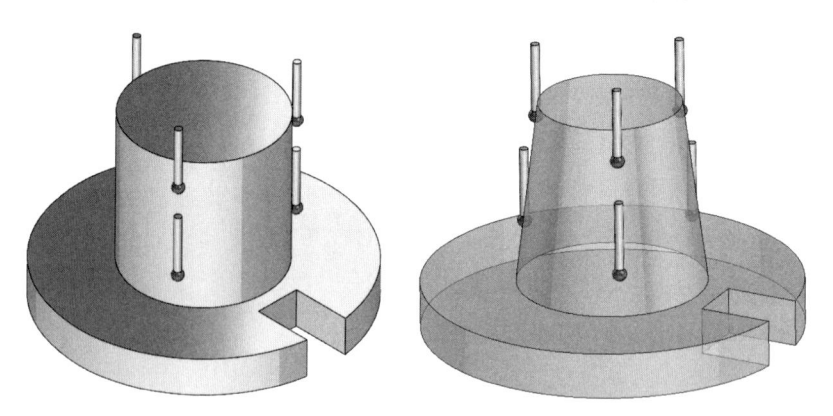

図2.16　円柱側面の座標値測定　　　　**図2.17**　円錐側面の座標値測定

円柱の側面から5点以上の座標値を測定する。これらの点のうち3点は円柱の軸直線に対して垂直な平面内で測定し，残りの点は高さを変えて同様に測定することで，円筒の軸直線Aが計算できる。この軸直線がワーク座標系のZ軸になる。円柱が円錐台のときは，円錐の側面を6点以上で測定する。**図2.17**に示すように3点は円錐の軸直線に垂直な平面内で，残りの点は高さを変えて同様に測定する。

② データム B の平面を測定して測定点から軸直線 A に垂直な平面を平面の式あるいは最小二乗法で求める（平面 B）。軸直線 A と平面 B の交点が原点になる。

③ 幅 12 mm の切欠きの側面で 2 点の座標値を**図 2.18** に示すように測定し，その中間値を計算する。軸直線 A を含み中間値を通過する平面が中心平面になる。

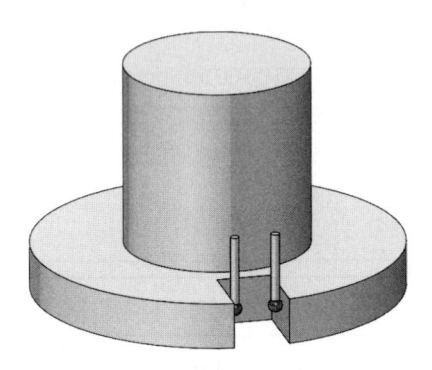

図 2.18 切欠き側面の座標値測定

これで，**図 2.19** に示すワーク座標系が設定される。この方法も円筒面，平面，切欠きの側面にゆがみがあればワーク座標系の再現性が乏しくなるので，幾何公差でデータムの形体を規制することになる。

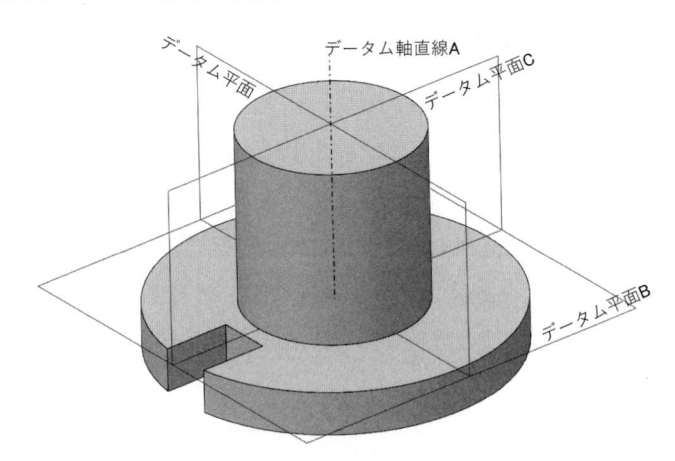

図 2.19 接触式三次元測定機によるワーク座標系

第 3 章

円・平面・軸の測定

　接触式三次元測定機では，平面や円の離散点の座標値を測定し，それらを最小二乗法で計算することで求めている。ここでは，最小二乗法による直線，円，平面の計算について学び，さらに，最小二乗法と最小領域法の違いを例題で学習する。

3.1 最小二乗法：直線

　接触式三次元測定機では，データム平面に投影した複数の座標値から最小二乗法で 2 次元の直線を求めている。n 個の離散点の座標値を (x_i, y_i) $(i=1, \cdots, n)$，直線の式を $y=ax+b$ とする，誤差の 2 乗が最小になる係数 a と b の値は式 (3.1) の行列式で求めることができる。

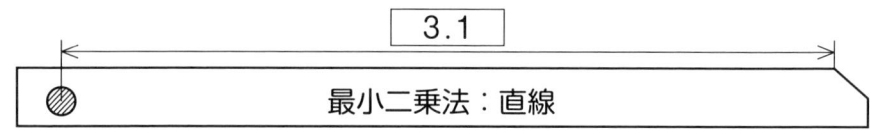

$$\begin{pmatrix} \sum_{i=1}^{n} x_i{}^2 & \sum_{i=1}^{n} x_i \\ \sum_{i=1}^{n} x_i & \sum_{i=1}^{n} 1 \end{pmatrix} \begin{pmatrix} a \\ b \end{pmatrix} = \begin{pmatrix} \sum_{i=1}^{n} x_i y_i \\ \sum_{i=1}^{n} y_i \end{pmatrix} \qquad \begin{pmatrix} a \\ b \end{pmatrix} = \begin{pmatrix} \sum_{i=1}^{n} x_i{}^2 & \sum_{i=1}^{n} x_i \\ \sum_{i=1}^{n} x_i & \sum_{i=1}^{n} 1 \end{pmatrix}^{-1} \begin{pmatrix} \sum_{i=1}^{n} x_i y_i \\ \sum_{i=1}^{n} y_i \end{pmatrix} \quad (3.1)$$

　$n=12$ とした計算例を以下に示す。**表 3.1** に離散点の座標値と行列の要素の値を，**図 3.1** に逆行列の値，行列の積，係数 a と b の値を，**図 3.2** に離散点の座標と最小二乗法による直線を示す。ここでは，行列の計算に表計算ソフトの関数を利用している。表計算ソフトには式 (3.1) の係数 a と b を求める関数があり，容易に最小二乗法の直線である回帰直線を求めることができる。

表3.1 座標値と行列の要素の計算

i	座標値〔mm〕	
	x_i	y_i
1	10.3204	5.8598
2	13.6098	7.6053
3	16.1602	8.6797
4	19.4299	10.5151
5	22.5703	11.8849
6	25.8201	13.7099
7	28.1397	14.6703
8	31.5811	16.5906
9	34.1993	17.7021
10	37.3905	19.4951
11	43.5798	22.5502
12	46.4206	23.9097

$$\sum_{i=1}^{12} x_i{}^2 \qquad \sum_{i=1}^{12} x_i \qquad\qquad \sum_{i=1}^{12} x_i y_i$$

$$\begin{pmatrix} 1.051\,74 \times 10^4 & 3.292\,22 \times 10^2 \\ 3.292\,22 \times 10^2 & 1.200\,00 \times 10^1 \end{pmatrix} \begin{pmatrix} a \\ b \end{pmatrix} = \begin{pmatrix} 5.494\,53 \times 10^3 \\ 1.731\,73 \times 10^2 \end{pmatrix}$$

$$\sum_{i=1}^{12} x_i \quad 逆行列 \quad \sum_{i=1}^{12} 1 \qquad\qquad \sum_{i=1}^{12} y_i$$

$$\begin{pmatrix} a \\ b \end{pmatrix} = \begin{pmatrix} 6.733\,17 \times 10^{-4} & -1.847\,26 \times 10^{-2} \\ -1.847\,26 \times 10^{-2} & 5.901\,31 \times 10^{-1} \end{pmatrix} \begin{pmatrix} 5.494\,53 \times 10^3 \\ 1.731\,73 \times 10^2 \end{pmatrix} = \begin{pmatrix} 0.500\,62 \\ 0.696\,56 \end{pmatrix}$$

図3.1 逆行列と行列の積

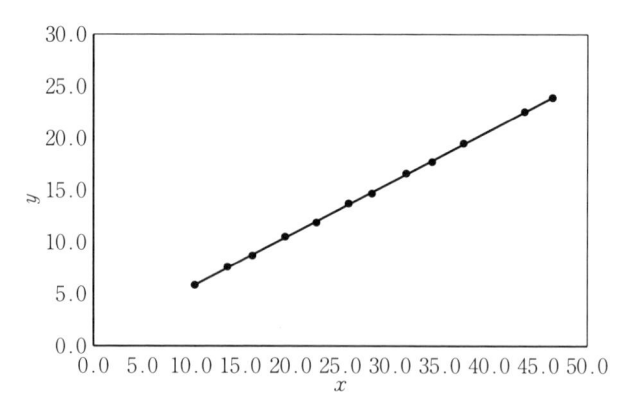

図3.2　離散点の座標と最小二乗法による直線

3.2

最小二乗法：円

　平面上の3点の座標値で円の中心の座標値と半径の値を計算することができる。しかし，加工された穴や軸にはうねりやゆがみがある。**図3.3**に示す真円度の測定データは，円筒の側面を真円度測定機で計測したものである。このデータから真円度の値を求める。真円度は，測定データを同心の二つの円で挟んだときその間隔が最小になる二つの円の半径差と定義されている。そのため，真円度を評価するときには，円の中心を求める方法を明示する必要がある。JISでは，**最小二乗中心法**（LSC），**最小領域中心法**（MZC），**最小外接円中心法**（MCC），**最大内接円中心法**（MIC）の四つの規定があり，それぞれの規定から得られる**最小二乗基準円**（LSCI），**最小領域基準円**（MZCI），**最小外接基準円**（MCCI），**最大内接基準円**（MICI）の四つの評価基準の円がある。真円度の値は，選択した基準円に依存する。図3.3に示すデータをLSCIで評価した値を**表3.2**に示す。真円度曲線の304.3°の位置で山高さが最大値（1.00 μm），238.4°の位置で谷深さが最大値（1.09 μm）となる。その合計が真円度の値（2.09 μm）になる。

　接触式三次元測定による穴や軸の円測定では，3点以上の離散点の座標値で

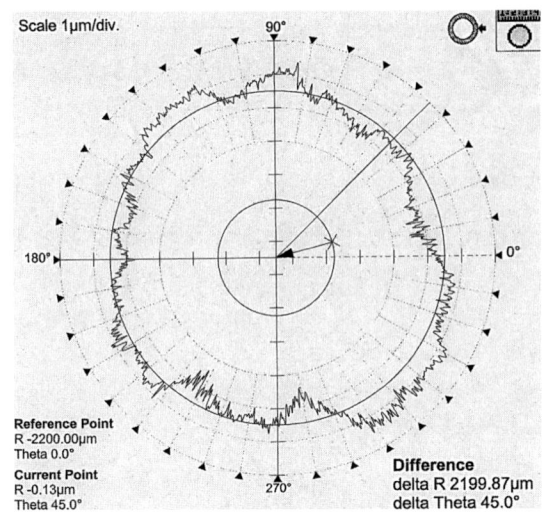

図3.3 真円度の測定データ

Reference Point
R -2200.00μm
Theta 0.0°

Current Point
R -0.13μm
Theta 45.0°

Difference
delta R 2199.87μm
delta Theta 45.0°

表3.2 LSCI で評価した
真円度

RONp	1.00 μm
RONp Pos	304.3°
RONv	1.09 μm
RONv Pos	238.4°
RONt	2.09 μm
Runout	3.05 μm

中心の座標値と直径の値を計算する。測定する円が真円ならば3点の座標値で中心の座標値と直径の値を求めることができる。しかし，ひずみのある円では4点以上の離散点の座標値から誤差を最小にする円を求めることになる。

円の中心の座標値を (a,b)，円の半径を r にすると，円の方程式は以下で表せる。

$$(x-a)^2 + (y-b)^2 = r^2$$
$$x^2 - 2ax + a^2 + y^2 - 2by + b^2 - r^2 = 0$$

ここで，a, b, r を以下のように A, B, C で表すと

$$\left\{ \begin{array}{l} A = -2a \\ B = -2b \\ C = a^2 + b^2 - r^2 \end{array} \right.$$

円の方程式は式 (3.2) となる。

$$x^2 + y^2 + A \cdot x + B \cdot y + C = 0 \tag{3.2}$$

式 (3.2) の左辺にすべての離散点の座標値 (x_i, y_i) を順に代入し右辺の値を求め，その総和が最小（誤差が最小）になる円を求めたい。このような場合，

最小二乗法（誤差の 2 乗が最小）を用いる。

　具体的には，式 (3.2) の左辺を 2 乗し，その総和を関数とする次式の F を最小にする係数 A, B, C を求めることになる。

$$F = \sum_{i=1}^{n} \{x_i{}^2 + y_i{}^2 + Ax_i + By_i + C\}^2$$

　関数 F を偏微分してその値を 0（極値）にする係数 A, B, C を求めればよいので

$$\begin{cases} \dfrac{\partial F}{\partial A} = \sum 2x_i(x_i{}^2 + y_i{}^2 + Ax_i + By_i + C) = 0 \\[2mm] \dfrac{\partial F}{\partial B} = \sum 2y_i(x_i{}^2 + y_i{}^2 + Ax_i + By_i + C) = 0 \\[2mm] \dfrac{\partial F}{\partial C} = \sum 2(x_i{}^2 + y_i{}^2 + Ax_i + By_i + C) = 0 \end{cases}$$

偏微分の式を展開して整理すると，係数 A, B, C は式 (3.3) に示す行列式で表すことができる。

$$\begin{pmatrix} \sum x_i{}^2 & \sum x_iy_i & \sum x_i \\ \sum x_iy_i & \sum y_i{}^2 & \sum y_i \\ \sum x_i & \sum y_i & \sum 1 \end{pmatrix} \begin{pmatrix} A \\ B \\ C \end{pmatrix} = \begin{pmatrix} -\sum(x_i{}^3 + x_iy_i{}^2) \\ -\sum(x_i{}^2y_i + y_i{}^3) \\ -\sum(x_i{}^2 + y_i{}^2) \end{pmatrix}$$

$$\begin{pmatrix} A \\ B \\ C \end{pmatrix} = \begin{pmatrix} \sum x_i{}^2 & \sum x_iy_i & \sum x_i \\ \sum x_iy_i & \sum y_i{}^2 & \sum y_i \\ \sum x_i & \sum y_i & \sum 1 \end{pmatrix}^{-1} \begin{pmatrix} -\sum(x_i{}^3 + x_iy_i{}^2) \\ -\sum(x_i{}^2y_i + y_i{}^3) \\ -\sum(x_i{}^2 + y_i{}^2) \end{pmatrix} \tag{3.3}$$

なお，円の中心の座標 (a, b) と円の半径 r は係数 A, B, C の値を用い式 (3.4) で求める。

$$a = -\frac{A}{2}, \qquad b = -\frac{B}{2}, \qquad r = \sqrt{a^2 + b^2 - C} \tag{3.4}$$

　この計算例を以下に示す。表 3.3 に離散点の座標値と行列の要素の値を，図 3.4 に逆行列と行列の積を，それぞれ示す。ここでは，行列の計算に表計算ソフトの関数を利用している。最終的に得られる最小二乗円の中心座標と半径の値を示す。離散点の位置と最小二乗円の中心位置は図 3.5 に示している。

表 3.3 座標値と行列の要素の計算

i	座標値〔mm〕	
	x_i	y_i
1	20.003 1	0.002 2
2	0.001 2	19.998 6
3	39.989 8	19.999 5
4	19.997 1	39.998 9
5	2.209 6	28.849 4
6	32.799 1	5.501 6
7	8.399 3	6.399 7
8	36.802 8	32.201 7
9	37.799 6	13.099 1
10	8.289 5	36.351 3
11	31.199 8	36.642 3

$$\begin{pmatrix} 7.329\,34 \times 10^3 & 5.141\,70 \times 10^3 & 2.400\,00 \times 10^2 \\ 5.141\,70 \times 10^3 & 7.140\,48 \times 10^3 & 2.388\,00 \times 10^2 \\ 2.400\,00 \times 10^2 & 2.388\,00 \times 10^2 & 1.100\,00 \times 10^1 \end{pmatrix} \begin{pmatrix} A \\ B \\ C \end{pmatrix} = \begin{pmatrix} -3.992\,94 \times 10^5 \\ -3.922\,92 \times 10^5 \\ -1.455\,18 \times 10^4 \end{pmatrix}$$

逆行列

$$\begin{pmatrix} A \\ B \\ C \end{pmatrix} = \begin{pmatrix} 4.783\,36 \times 10^{-4} & 1.674\,41 \times 10^{-5} & -1.079\,99 \times 10^{-2} \\ 1.674\,41 \times 10^{-5} & 5.117\,42 \times 10^{-4} & -1.147\,48 \times 10^{-2} \\ -1.079\,99 \times 10^{-2} & -1.147\,48 \times 10^{-2} & 5.756\,51 \times 10^{-1} \end{pmatrix} \begin{pmatrix} -3.992\,94 \times 10^5 \\ -3.922\,92 \times 10^5 \\ -1.455\,18 \times 10^4 \end{pmatrix} = \begin{pmatrix} -40.407\,2 \\ -40.460\,0 \\ 437.074\,2 \end{pmatrix}$$

図 3.4 逆行列と行列の積

円の中心：

$$a = -\frac{A}{2} = 20.2036,$$

$$b = -\frac{B}{2} = 20.2300$$

円の半径：

$$r = \sqrt{a^2 + b^2 - C} = 19.5029$$

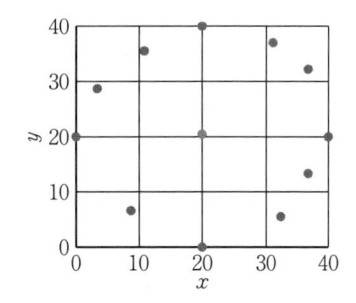

図 3.5 離散点と円の中心

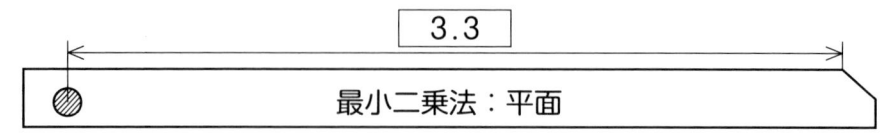

3.3 最小二乗法：平面

平面は空間に離散している 3 点の座標値で計算することができる。式 (3.5) に示す平面の式に 3 点の座標値を代入し，d を定数と考えて連立方程式を解くことで係数 a, b, c の値を求めることができる。この係数 a, b, c の値は，平面の法線ベクトル $\vec{n} = (a, b, c)$ を表している。

$$a \cdot x + b \cdot y + c \cdot z + d = 0 \tag{3.5}$$

機械加工の面にはうねりやひずみなどの凹凸があるので，平面からの距離の 2 乗誤差を最小にする平面を求める。最小二乗法では平面と離散点との距離を計算するので，平面の式を式 (3.6) で表すと，座標値 (x_i, y_i, z_i) と平面との距離 d_i は式 (3.7) になる。

$$z = Ax + By + C \tag{3.6}$$

$$d_i = z - z_i = Ax_i + By_i + C - z_i \tag{3.7}$$

離散点すべての点と平面との距離の 2 乗和は式 (3.8) となり

$$\sum d_i^2 = \sum (Ax_i + By_i + C - z_i)^2 \tag{3.8}$$

この式を A, B, C で偏微分して整理すると式 (3.9) に示す行列式になる。よって，式 (3.10) で A, B, C の係数を計算することができる。

$$\begin{pmatrix} \sum x_i^2 & \sum x_i y_i & \sum x_i \\ \sum x_i y_i & \sum y_i^2 & \sum y_i \\ \sum x_i & \sum y_i & \sum 1 \end{pmatrix} \begin{pmatrix} A \\ B \\ C \end{pmatrix} = \begin{pmatrix} \sum x_i z_i \\ \sum y_i z_i \\ \sum z_i \end{pmatrix} \tag{3.9}$$

$$\begin{pmatrix} A \\ B \\ C \end{pmatrix} = \begin{pmatrix} \sum x_i^2 & \sum x_i y_i & \sum x_i \\ \sum x_i y_i & \sum y_i^2 & \sum y_i \\ \sum x_i & \sum y_i & \sum 1 \end{pmatrix}^{-1} \begin{pmatrix} \sum x_i z_i \\ \sum y_i z_i \\ \sum z_i \end{pmatrix} \tag{3.10}$$

表 3.4 に離散点の座標値と行列の要素の値を，**図 3.6** に逆行列と行列の積の値をそれぞれ示す。ここでは，行列の計算に表計算ソフトの関数を利用している。

表3.4 座標値と行列の要素の計算

i	座標値〔mm〕		
	x_i	y_i	z_i
1	10.000 0	10.000 0	0.300 2
2	30.000 0	10.000 0	0.400 1
3	50.000 0	10.000 0	0.699 8
4	70.000 0	10.000 0	1.000 1
5	90.000 0	10.000 0	1.009 9
6	10.000 0	30.000 0	0.600 2
7	90.000 0	30.000 0	1.599 8
8	10.000 0	50.000 0	1.100 1
9	90.000 0	50.000 0	1.899 8
10	10.000 0	70.000 0	1.600 2
11	90.000 0	70.000 0	2.199 7
12	10.000 0	90.000 0	1.900 1
13	30.000 0	90.000 0	2.200 2
14	50.000 0	90.000 0	2.300 5
15	70.000 0	90.000 0	2.399 9
16	90.000 0	90.000 0	2.699 8

$$\begin{pmatrix} 5.760\,00 \times 10^4 & 4.000\,00 \times 10^4 & 8.000\,00 \times 10^2 \\ 4.000\,00 \times 10^4 & 5.760\,00 \times 10^4 & 8.000\,00 \times 10^2 \\ 8.000\,00 \times 10^2 & 8.000\,00 \times 10^2 & 1.600\,00 \times 10^1 \end{pmatrix} \begin{pmatrix} A \\ B \\ C \end{pmatrix} = \begin{pmatrix} 1.367\,84 \times 10^3 \\ 1.551\,13 \times 10^3 \\ 2.391\,04 \times 10^1 \end{pmatrix}$$

逆行列

$$\begin{pmatrix} A \\ B \\ C \end{pmatrix} = \begin{pmatrix} 5.681\,82 \times 10^{-5} & 0.000\,00 & -2.840\,91 \times 10^{-3} \\ 0.000\,00 & 5.681\,82 \times 10^{-5} & -2.840\,91 \times 10^{-3} \\ -2.840\,91 \times 10^{-3} & -2.840\,91 \times 10^{-3} & 3.465\,91 \times 10^{-1} \end{pmatrix} \begin{pmatrix} 1.367\,84 \times 10^3 \\ 1.551\,13 \times 10^3 \\ 2.391\,04 \times 10^1 \end{pmatrix} = \begin{pmatrix} 0.009\,8 \\ 0.020\,2 \\ -0.005\,4 \end{pmatrix}$$

図3.6 逆行列と行列の積

3.4 最小二乗法：円筒

図3.7に示すように円柱は空間の5点，円錐台は6点で定義することができる。しかし，加工された円柱や円錐台は，側面には凹凸があり，中心軸にはゆがみや曲がりがある。**図**3.8に真円度測定機で測定した円筒度のデータを示

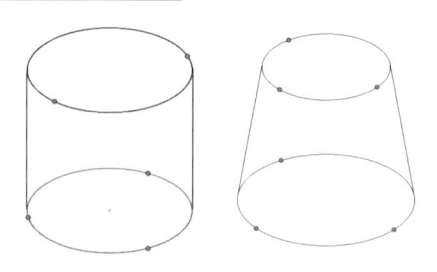

図 3.7　円柱と円錐台の定義

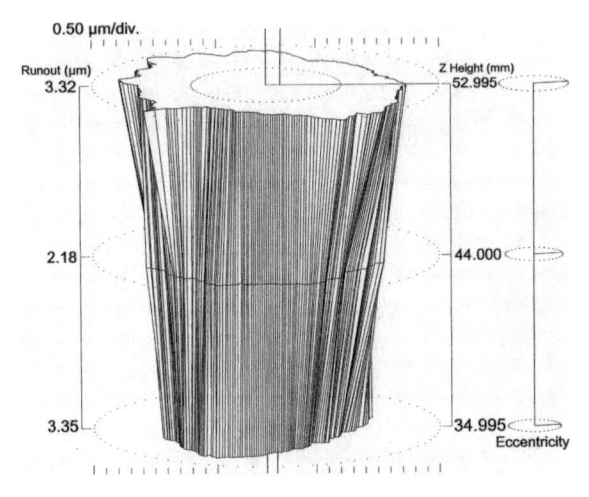

図 3.8　円筒度の測定データ

す。このデータは高さの異なる三つの断面（$Z=53, 44, 35\,\text{mm}$）を測定したものである。最小二乗法による円筒とは，測定機の回転軸と，それぞれの断面で計算した最小二乗円の中心との距離の 2 乗和が最小になる軸を中心軸にする円筒（最小二乗基準円筒：LSCY）のことである。

　円と同様に，円筒にも，**最小二乗基準円筒**（LSCY），**最小領域基準円筒**（MZCY），**最小外接基準円筒**（MCCY），**最大内接基準円筒**（MICY）の四つの評価基準の円筒がある。図 3.8 に示すデータを LSCY で評価した円筒度の値を**表 3.5** に示す。Z の値が 53 mm で真円度曲線の 297.0° の位置で山高さが最大値（2.12 μm），Z の値が 35 mm で真円度曲線の 141.5° の位置で谷深さが最大値（1.86 μm）となる。その合計が円筒度の値（3.97 μm）になる。

表 3.5　LSCY で評価した
円筒度

CYLp	2.12 µm
CYLp Pos	297.0°
CYLp Pln Zht	53.00 mm
CYLv	1.86 µm
CYLv Pos	141.5°
CYLv Pln Zht	35.00 mm
CYLt	3.97 µm

接触式三次元測定機では最小二乗法を使って，直線，円，平面，円筒を計算
しているので，データムとなる平面，穴，軸はできる限り多くの点で測定する
ことが大切になる。スタイラスの動作にスキャニングの機能があれば，数百点
のデータを短時間に測定することができ，三平面データム系の再現性を高める
ことができる。

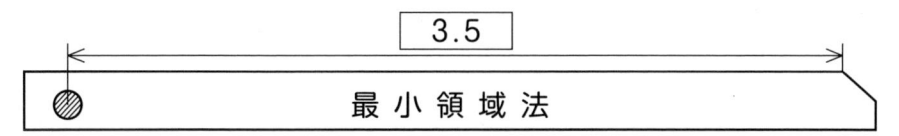

3.5　最 小 領 域 法

真直度は測定データを平行な2直線や2平面で挟んだとき，その距離が最小
になる値で定義している。平面度は測定データを平行な2平面で挟んだとき，
その距離が最小になる値で定義している。真円度は測定データを同心の二つの
円で挟んだとき，半径の差が最小になる値で定義している。円筒度は測定デー
タを二つの同軸な円筒で挟んだとき，その半径の差が最小になる値で定義して
いる。これらは，いずれも領域が最小になる定義である。ここでは，**最小領域
法**で求める計算の一例を用いて，最小二乗法との違いを説明する。

表 3.6 に示す五つの点を測定点と仮定する。この5点を挟み込む平行な2直
線を求めるために，最初に，最小二乗法で誤差が最小になる直線を求めてみる
（式 (3.11)）。

$$y = 0.10x + 3.70 \tag{3.11}$$

この直線と点の距離を計算すると**表 3.7** になる。直線より上側を P，直線よ

表3.6 測　定　点

〔mm〕

	x	y
P_1	1.000 0	3.000 0
P_2	3.000 0	5.000 0
P_3	5.000 0	4.000 0
P_4	7.000 0	5.000 0
P_5	9.000 0	4.000 0

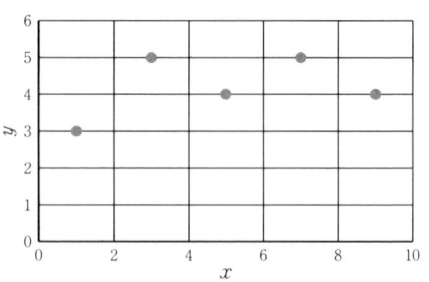

表3.7 点と直線の距離（最小二乗法）

〔mm〕

	x	y	d	P or V
P_1	1.000 0	3.000 0	0.796 0	V
P_2	3.000 0	5.000 0	0.995 0	P
P_3	5.000 0	4.000 0	0.199 0	V
P_4	7.000 0	5.000 0	0.597 0	P
P_5	9.000 0	4.000 0	0.597 0	V

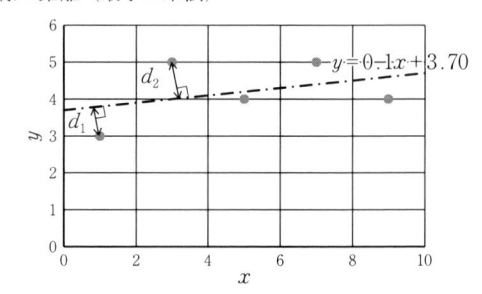

り下側をVとすると，PとV，それぞれの最大値を合計すると平行な2直線の距離が求まる。

$$0.7960 + 0.9950 = 1.7910$$

一方，最小領域法は3点の座標値から計算することができる。表3.6に示す測定点では，P_1，P_2，P_5がその点になる。**表3.8**に示すように点から等しい距離eにある直線を，$q = a \cdot x + b$と仮定する。そして，$y_i - q_i$を考える。

表3.8 最小領域法の直線（一例）

〔mm〕

	x	y
P_1	1.000 0	3.000 0
P_2	3.000 0	5.000 0
P_5	9.000 0	4.000 0

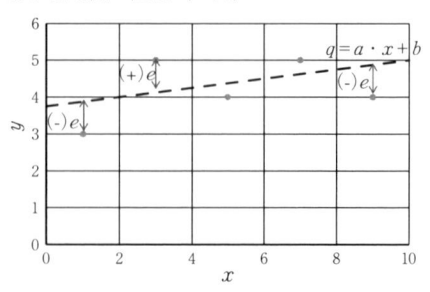

$$\begin{cases} y_1 - q_1 = y_1 - (a \cdot x_1 + b) = -e \\ y_2 - q_2 = y_2 - (a \cdot x_2 + b) = +e \\ y_5 - q_5 = y_5 - (a \cdot x_5 + b) = -e \end{cases} \tag{3.12}$$

ここで，直線より上側にある点までの距離を $+e$，下側にある点までの距離を $-e$ と記す。式 (3.12) に座標値を代入して行列式で表すと

$$\begin{pmatrix} -1 & 1 & 1 \\ 1 & 3 & 1 \\ -1 & 9 & 1 \end{pmatrix} \begin{pmatrix} e \\ a \\ b \end{pmatrix} = \begin{pmatrix} 3 \\ 5 \\ 4 \end{pmatrix}$$

$$\begin{pmatrix} e \\ a \\ b \end{pmatrix} = \begin{pmatrix} -1 & 1 & 1 \\ 1 & 3 & 1 \\ -1 & 9 & 1 \end{pmatrix}^{-1} \begin{pmatrix} 3 \\ 5 \\ 4 \end{pmatrix} = \begin{pmatrix} 0.875 \\ 0.125 \\ 3.750 \end{pmatrix}$$

となり，$q = 0.125x + 3.750$ の直線が求まる。この直線と点 (P1,P2,P5) の距離を計算すると**表3.9**が求まる。直線より上側 (P) と下側 (V) は同じ値になっているので，平行な2直線の距離は 0.8682 を2倍した値 1.7364 となる。最小二乗法で求めた値より小さな値になることが確認できる。

表3.9 点と直線の距離（最小領域法）

〔mm〕

	x	y	d	P or V
P$_1$	1.0000	3.0000	0.8682	V
P$_2$	3.0000	5.0000	0.8682	P
P$_5$	9.0000	4.0000	0.8682	V

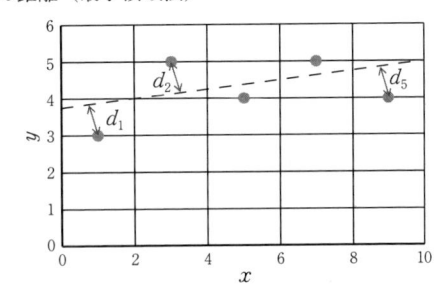

図3.9に最小二乗法で求めた直線と最小領域法で求めた直線を示す。最小二乗法は測定データのすべての点を使って直線を計算するが，最小領域法では3点で直線を計算するので，測定データが多点になるとすべての点を挟み込み，かつ距離が最小になる直線を求めるためには，選択する点を入れ替えながらこの計算を繰り返すことになる。これを平面，円，円筒に展開すると最小領域法で平面，円，円筒を求めることができる。

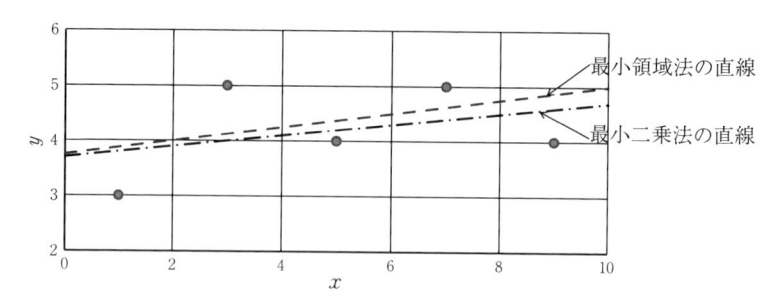

図 3.9 最小二乗法と最小領域法

　接触式三次元測定機では，直線，平面，円などの幾何要素を測定するときには，誤差の2乗を最小にする最小二乗法で計算している。一方，測定した直線，平面，円から真直度，平面度，真円度などの幾何公差を求めるときには，公差の定義に基づいて最小領域法で計算している。

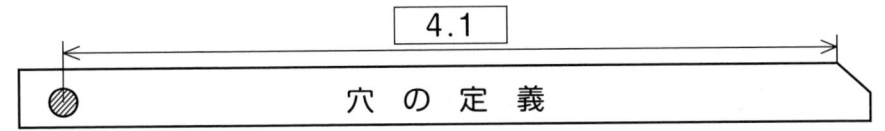

第 4 章

三平面をデータムとする穴の図面と評価

　機械部品や金型部品のプレートには穴あけ加工が多くある。ここでは，直交する三つの平面をデータムとする穴への位置度公差の定義と，その評価について学習する。

4.1　穴　の　定　義

　式 (4.1) に，中心の座標値が (a,b)，半径の値が r の円を示す。

$$(x-a)^2+(x-b)^2=r^2 \tag{4.1}$$

　この円を図面に示すときには，まず，r を直径で記入し，直径にサイズ公差を付け加える。つぎに，a,b を原点から TED で記入する。そして，中心の位置の公差域を幾何公差の位置度で定義する。**図 4.1** は，半径 10 mm（ϕ20），中心（40 mm，20 mm）の円（$(x-40)^2+(y-20)^2=10^2$）を，直径とサイズ公

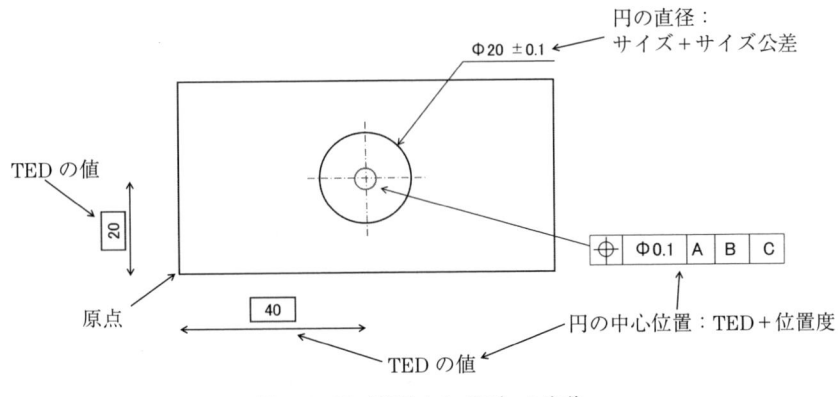

図 4.1　円（貫通穴やボス）の定義

差，TED と位置度で表したものである。このように，貫通穴やボス（部品の位置決めなどに使用する円柱形状のもの）は，「直径とサイズ公差」と「TED と位置度」の二つを一組として指示することになる。

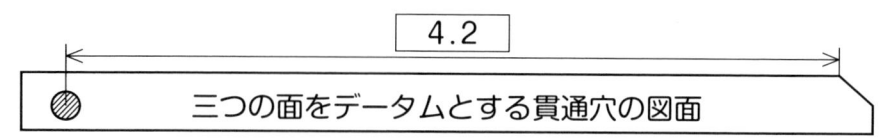

4.2 三つの面をデータムとする貫通穴の図面

図 4.2 は，三つの面をデータムとする三平面データム系で三つの貫通穴を定義した図面である。データム平面には平面度と直角度の幾何公差を付け，貫通穴は，直径とサイズ公差，TED と位置度でそれぞれ指示してある。直径 12 mm（ϕ 12）の二つの貫通穴はサイズ公差が $+0.05 \sim +0.10$ mm，左の貫通穴の軸直線はデータム平面 A に垂直でデータム平面 B と C から TED で 20 mm と 15 mm の位置にある。位置度の公差域は，この軸直線を中心軸とする直径 0.05 mm の円筒である。右の貫通穴は左の貫通穴から水平方向に 80 mm 離れた位置にある。貫通穴の軸直線はデータム平面 A に垂直で，位置

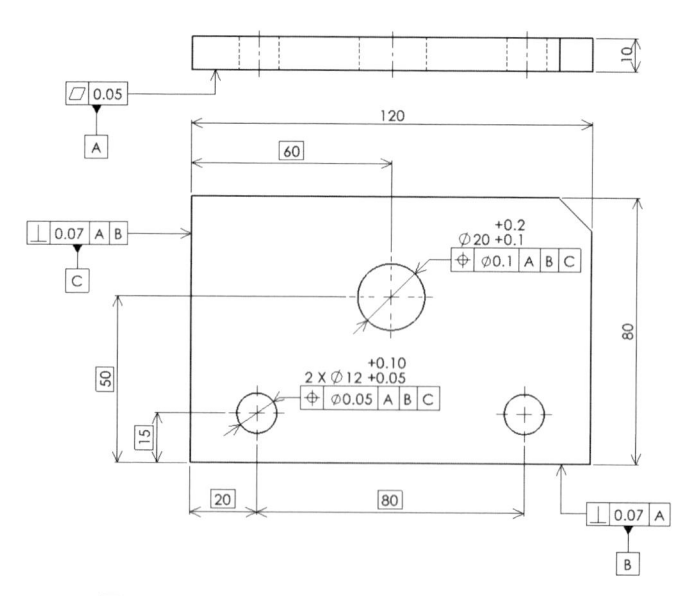

図 4.2 三平面データム系による三つの貫通穴の定義

度の公差域は左の貫通穴と同じである。直径 20 mm（ϕ 20）の貫通穴は，サイズ公差が +0.1 ～ +0.2 mm，位置度の公差が貫通穴の軸直線を中心軸とする直径 0.1 mm の円筒である。

　表 4.1 に直径の値と位置度の公差域を示す。位置度の公差域は直径のどの値でも ϕ0.05 と ϕ0.10 である。機械加工ではサイズ公差の中間値を設定するので，直径 12 mm の貫通穴は 12.075 mm，直径 20 mm の貫通穴は 20.150 mm が加工の設定値になる。そのときの位置度の公差域も ϕ0.05 と ϕ0.10 である。サイズ公差と幾何公差は独立しているので，それぞれの値が公差域の内側ならば評価は良になる。

表 4.1　位置度の公差域

直径〔mm〕	公差域〔mm〕	直径〔mm〕	公差域〔mm〕
12.05	0.05	20.10	0.10
12.06	0.05	20.11	0.10
12.07	0.05	20.12	0.10
12.08	0.05	20.13	0.10
12.09	0.05	20.14	0.10
12.10	0.05	20.15	0.10
		20.16	0.10
		20.17	0.10
		20.18	0.10
		20.19	0.10
		20.20	0.10

　接触式三次元測定機では，**図 4.3** に示すように貫通穴の側面のデータム平面 A に近い断面を多点で円測定して，最小二乗円の計算で貫通穴の直径の値と中心の座標値（貫通穴の軸線がデータム平面と交差する点）を求めている。

　この方法は，簡便ではあるが，貫通穴に傾きや曲がりがあるとその誤差が位置度に含まれる。貫通穴の三次元的な軸線の推定をする必要はあるが，接触式三次元測定機では，真円度測定機による円筒度の測定と同様に，**図 4.4** に示すように貫通穴の側面を位置の異なる複数の横断面で測定する。その後，それぞ

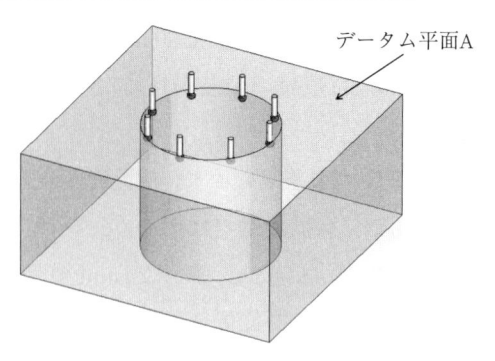

図 4.3　データム A の近傍で貫通穴の側面を測定

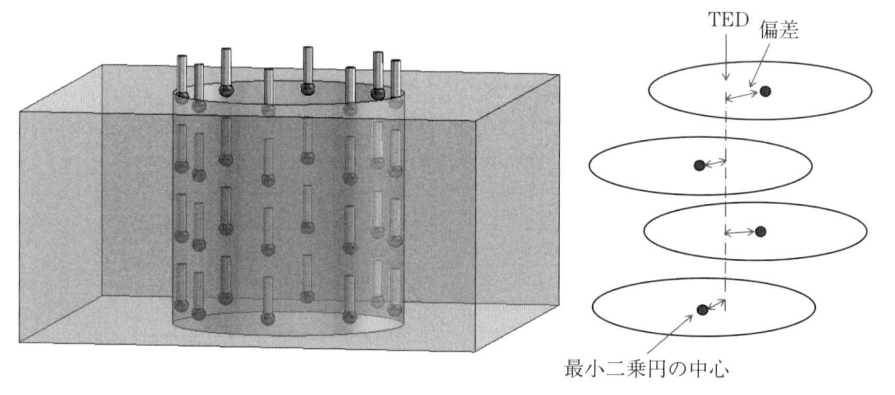

図 4.4　貫通穴の側面を複数の断面で測定

れの横断面の中心の座標値を最小二乗法で求め，その座標値と TED との偏差を計算し，最大値の偏差を 2 倍して位置度を表示している。しかし，この方法も TED と最小二乗円の中心との偏差で位置度を評価しているので，厳密に言えば，位置度に誤差は含まれる。

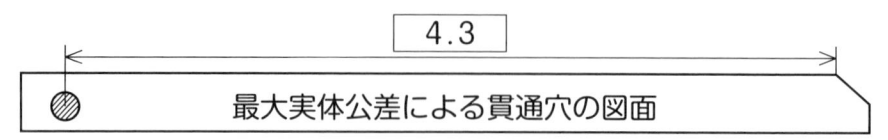

4.3　最大実体公差による貫通穴の図面

図 4.5 に，貫通穴の軸直線の位置度に **MMR**（maximum material requirement：最大実体公差方式 Ⓜ）を適用する図面を示す。三平面データム系は図 4.2 と同じである。図 4.2 と図 4.5 の違いは，位置度の公差域の後ろ

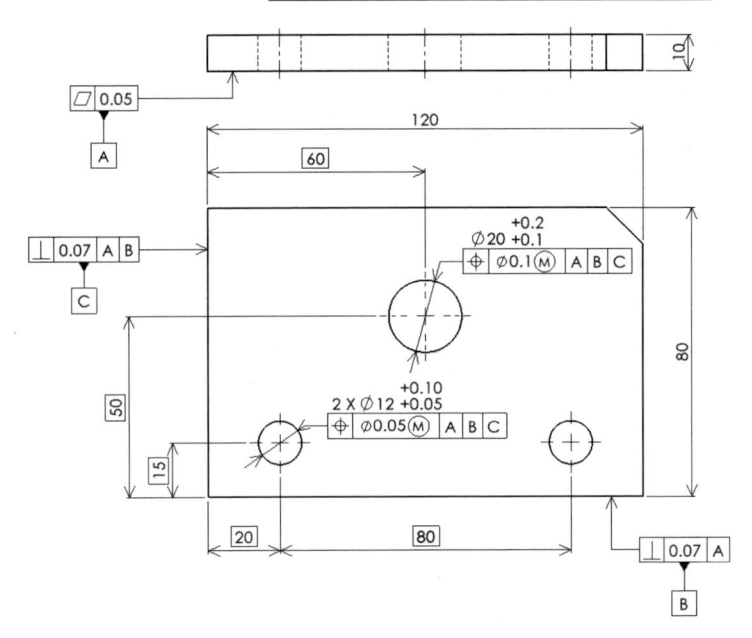

図4.5 位置度の公差域に Ⓜ を付けた図面

に Ⓜ が付いていることだけである。

表4.2 に直径 12 mm（ϕ 12）の貫通穴に対する位置度の公差域を，**図4.6** に
その**動的公差線図**[†1] を，**表4.3** に直径 20 mm（ϕ 20）の貫通穴に対する位置
度の公差域を，**図4.7** にその動的公差線図をそれぞれ示す。MMR を適用する
と位置度の公差域は貫通穴の **MMS**（maximum material size：最大実体サイ
ズ）[†2] からの偏差を位置度の値に加えることができる。貫通穴の場合，MMS は
直径の最小許容サイズ（ϕ 12 では 12.05 mm，ϕ 20 では 20.10 mm）になる。

表より貫通穴の直径が大きくなると，位置度の公差域も増加していることが
わかる。直径の値から公差域の値を差し引くと，すべてが 12.00 mm と
20.00 mm になる。この値が **MMVS**（maximum material virtual size; 最大実体

---

†1 サイズ（例えば直径）の変化に伴う公差域（例えば位置度の公差域）の変化。
†2 MMS は形体の最大実体状態（**MMC**：maximum material condition）を定めるサイズ
　　のことである。外側形体では最大許容サイズが，内側形体では最小許容サイズが MMS
　　となる。

表 4.2 MMR を適用する位置度
の公差域（φ12 の貫通穴）

直径〔mm〕	公差域〔mm〕	直径 − 公差域〔mm〕
12.05	0.05	12.00
12.06	0.06	12.00
12.07	0.07	12.00
12.08	0.08	12.00
12.09	0.09	12.00
12.10	0.10	12.00

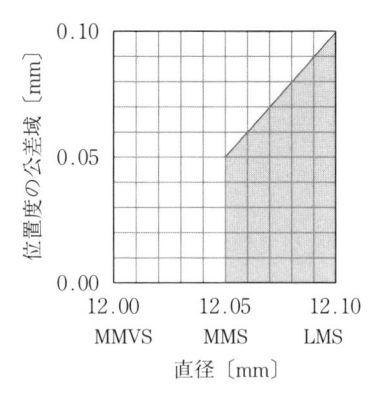

図 4.6 φ12 の動的公差線図

表 4.3 MMR を適用する位置度
の公差域（φ20 の貫通穴）

直径〔mm〕	公差域〔mm〕	直径 − 公差域〔mm〕
20.10	0.10	20.00
20.11	0.11	20.00
20.12	0.12	20.00
20.13	0.13	20.00
20.14	0.14	20.00
20.15	0.15	20.00
20.16	0.16	20.00
20.17	0.17	20.00
20.18	0.18	20.00
20.19	0.19	20.00
20.20	0.20	20.00

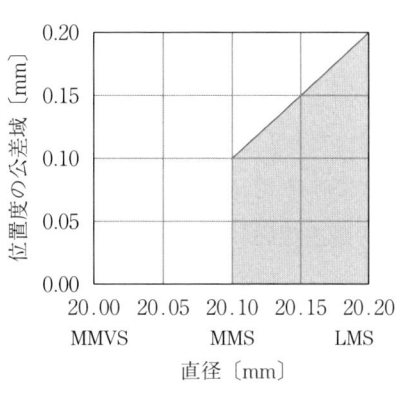

図 4.7 φ20 の動的公差線図

実効サイズ）であり，**機能ゲージ**（functional gauge）のサイズになる。**LMS**（least material size）は最小実体サイズである。

　機械加工ではサイズ公差の中間値を設定するので，直径 12 mm（φ12）の貫通穴は 12.075 mm，直径 20 mm（φ20）の貫通穴は 20.150 mm が加工の設定値になる。この設定値における位置度の公差域は，直径 12 mm の貫通穴でφ0.075，直径 20 mm の貫通穴でφ0.15 になる。

　幾何公差に MMR を適用すると機能ゲージで検査できる。**図 4.8** にその一例を示す。直径 20.000 mm（φ20.000）のピンと直径 12.000 mm（φ12.000）の 2 本のピンを TED の位置に垂直に組付けたものである。この機能ゲージで位置度公差を，ボアゲージや内側マイクロメータで貫通穴の直径を検査すれば，接触式三次元測定機を用いなくても部品が評価できる。

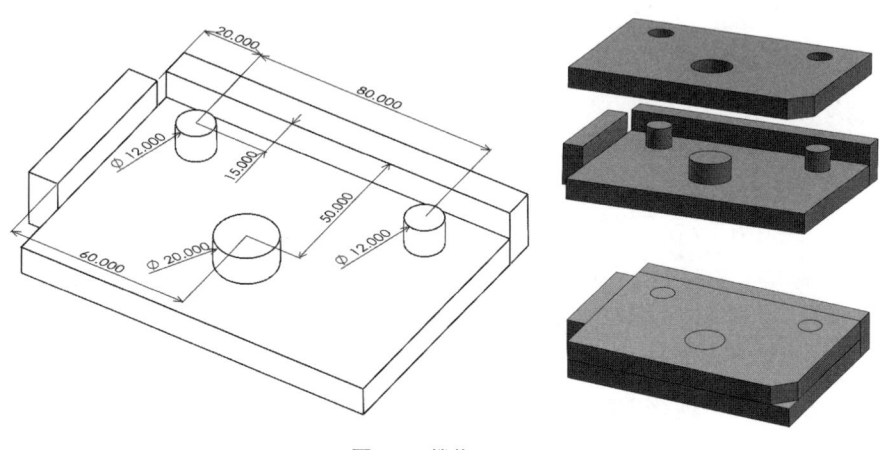

図 4.8　機能ゲージ

　MMR はサイズ公差と幾何公差を関連付け，幾何公差に MMS からの偏差を加えて公差域を増加する方式である。単純な篏合ならば MMR を適用することで機械部品を経済的に製作することができる。ただし，公差域が増加することで，摺動や回転などの機能が損なわれる場合は，MMR の適用は避けるべきである。

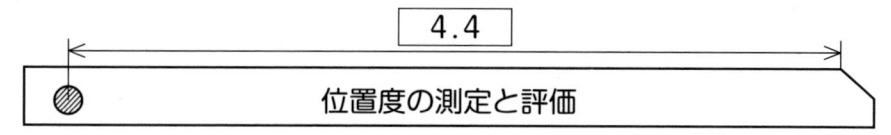

4.4

位置度の測定と評価

　図 4.9 に直径 12 mm（φ12）の貫通穴が 12 個ある図面を示す。原点から貫通穴の中心までの長さは TED で，貫通穴のサイズ公差は ±0.01 mm，貫通穴の中心の位置度は φ0.02 で記入してある。ここでは，この位置度について MMR を適用しない場合と適用する場合について測定データを評価する。

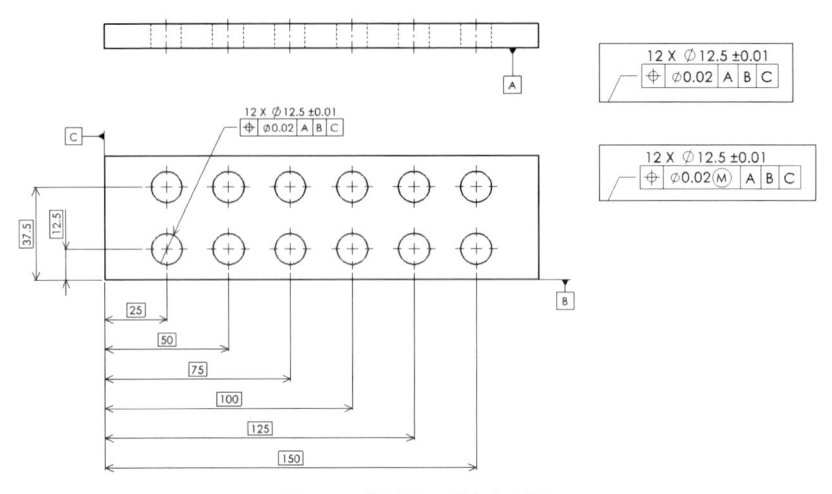

図 4.9 位置度の測定と評価

　接触式三次元測定機の測定結果と評価を**表 4.4** に示す。位置度の測定では，まず，データム平面 A，B，C による三平面データム系を定義する。次に，12個の貫通穴を多点で円測定する。最小二乗法で円の直径と中心の座標値を計算する。表は，左から順に，中心の座標値（TED），直径（設計値），MMS の値，最小二乗法で計算した中心の座標値（測定値），直径（測定値），x 方向の偏心，y 方向の偏心，偏心の値，位置度（測定値），図面に指示した位置度の許容値，良・不良の評価，MMR を適用する位置度の許容値，良・不良の評価である。

　表より理解できるように，MMR を適用するとすべての貫通穴が良品となる。さらに，MMR を適用すると，直径が 12.470 mm のピン 12 本を TED の位置に垂直に組付けることで機能ゲージができる。この機能ゲージを接触式三次元測定機で検査し，加工の現場では機能ゲージで検査することで，測定のトレーサビリティを維持しながら，部品を経済的に製造することができる。

表4.4 位置度の測定と評価

〔mm〕

x TED	y TED	直径 設計値	直径 MMS	x 測定値	y 測定値	直径 測定値	Δx 測定値-設計値	Δy 測定値-設計値	偏心 $\sqrt{\Delta x^2+\Delta y^2}$	位置度 測定値 ϕ	許容位置度 $\phi\,0.02$	評価 ○ or ×	許容位置度 $\phi\,0.02$ Ⓜ	評価 ○ or ×
25.000 0	12.500 0	12.500 0	12.490 0	25.001 5	12.490 7	12.490 4	0.001 5	−0.009 3	0.009 4	0.018 8	0.020 0	○	0.020 4	○
25.000 0	37.500 0	12.500 0	12.490 0	24.995 1	37.508 2	12.505 9	−0.004 9	0.008 2	0.009 6	0.019 1	0.020 0	○	0.035 9	○
50.000 0	12.500 0	12.500 0	12.490 0	49.991 5	12.501 3	12.505 1	−0.008 5	0.001 3	0.008 6	0.017 2	0.020 0	○	0.035 1	○
50.000 0	37.500 0	12.500 0	12.490 0	49.992 7	37.508 8	12.501 7	−0.007 3	0.008 8	0.011 4	0.022 9	0.020 0	×	0.031 7	○
75.000 0	12.500 0	12.500 0	12.490 0	74.994 0	12.504 0	12.501 7	−0.006 0	0.004 0	0.007 2	0.014 4	0.020 0	○	0.031 7	○
75.000 0	37.500 0	12.500 0	12.490 0	74.992 0	37.508 4	12.503 3	−0.008 0	0.008 4	0.011 6	0.023 2	0.020 0	×	0.033 3	○
100.000 0	12.500 0	12.500 0	12.490 0	99.991 6	12.496 9	12.495 2	−0.008 4	−0.003 1	0.009 0	0.017 9	0.020 0	○	0.025 2	○
100.000 0	37.500 0	12.500 0	12.490 0	99.988 2	37.508 1	12.503 1	−0.011 8	0.008 1	0.014 3	0.028 6	0.020 0	×	0.033 1	○
125.000 0	12.500 0	12.500 0	12.490 0	124.989 8	12.500 1	12.498 6	−0.010 2	0.000 1	0.010 2	0.020 4	0.020 0	×	0.028 6	○
125.000 0	37.500 0	12.500 0	12.490 0	124.992 3	37.502 9	12.503 5	−0.007 7	0.002 9	0.008 2	0.016 5	0.020 0	○	0.033 5	○
150.000 0	12.500 0	12.500 0	12.490 0	149.990 9	12.497 0	12.502 5	−0.009 1	−0.003 0	0.009 6	0.019 2	0.020 0	○	0.032 5	○
150.000 0	37.500 0	12.500 0	12.490 0	149.995 0	37.504 8	12.495 6	−0.005 0	0.004 8	0.006 9	0.013 9	0.020 0	○	0.025 6	○

穴の軸直線をデータムにする図面とその評価

　プレス成形品では位置決めの穴を基準とする図面が多い。基準となる穴には
サイズ公差がある。穴の軸直線をデータムにすると位置度を図示するときデー
タムの枠に MMR が適用できる。ここが 4 章の面基準と異なる部分である。こ
こでは，データに MMR を適用する位置度の図示と公差域について学び，そ
れを評価する機能ゲージについて学習する。

5.1

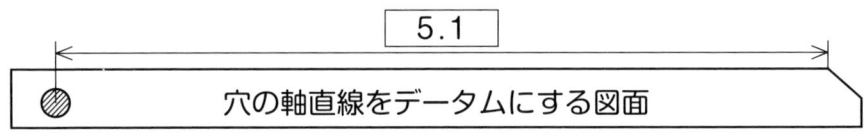

穴の軸直線をデータムにする図面

　図 5.1 に三つの貫通穴があるプレートを示す。データム A はプレートの上
面，データム B は左下の貫通穴，データム C は右下の貫通穴である。データ
ム B と C には直径とサイズ公差がある。データムにサイズ公差がある場合，
位置度を定義する幾何公差の図示枠のデータムに MMR を適用することができ
る。**図 5.2**（a）は幾何公差の図示枠のデータムに MMR（Ⓜ）を適用しない図

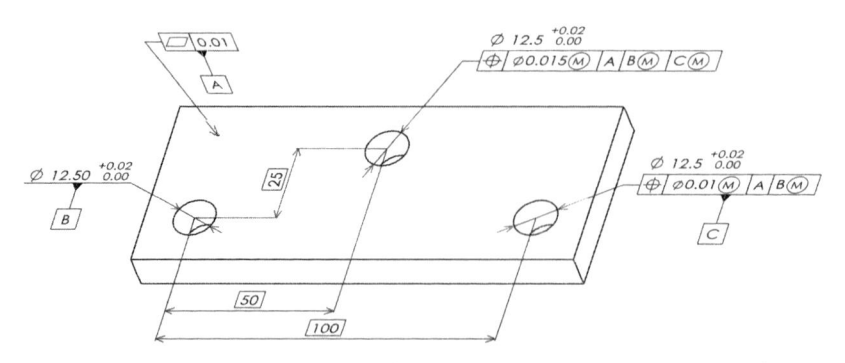

図 5.1　貫通穴を基準とする図面（データム B が原点，データム C が X 軸）

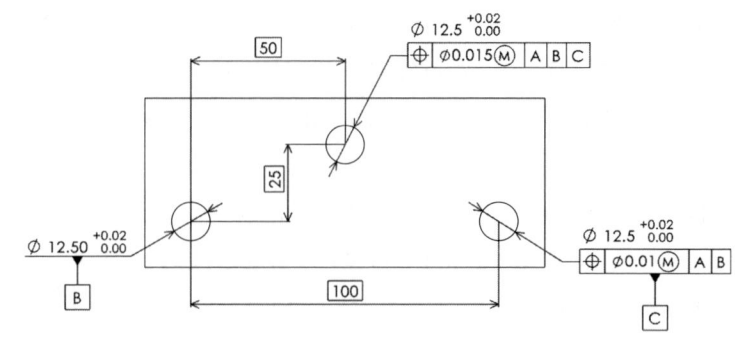

（a）　データムの枠に⊕なし

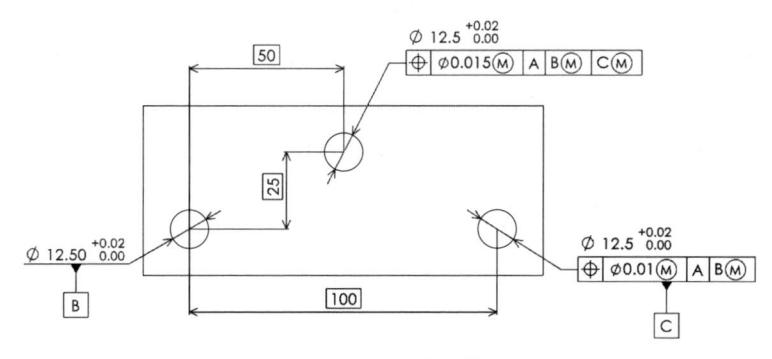

（b）　データムの枠に⊕あり

図 5.2　貫通穴の軸線をデータムとする図面

面，図（b）は幾何公差の図示枠のデータムに MMR（Ⓜ）を適用する図面である。図面指示の違いは僅かであるが，位置度の公差には大きな違いがある。以下に，MMR を適用する図面の読解と測定および評価を示す。

① プレートの上面の平面度は 0.01 mm，この面をデータム A に設定する。接触式三次元測定機では多点で平面を測定し，最小二乗平面を計算する。この平面の法線ベクトルがワーク座標系の Z 軸になる。

② 左下の貫通穴の直径は 12.5 mm（φ12.5），サイズ公差は 0.00 ～ +0.02 mm なので，直径の許容値は 12.50 ～ 12.52 mm になる。この貫通穴の軸直線がデータム B になる。接触式三次元測定機では多点で円を測定し，最小二乗円を計算する。この円の中心がワーク座標系の原点になる。

③　右下の貫通穴は，データム B と同じサイズで，データム B から TED で
100 mm の位置に貫通穴の軸直線がある。軸直線の位置度は，データム B
の貫通穴が MMS でかつデータム C の貫通穴も MMS のとき，公差域は
ϕ0.01 となる。内側形体（貫通穴）の MMS は最小許容サイズなので，こ
こでは，データム B と C がともに 12.50 mm のとき，ϕ0.01 が公差域に
なることを示している。**表5.1** に直径と位置度の公差域を示す。サイズ公
差の中間値（12.51 mm）で加工すると位置度の公差域は ϕ0.02 となり，
かつデータム B の軸直線の移動も許容できることになる。この移動を**浮
動**と呼んでいる。データム C の直径から公差域を差し引くと，どの直径
でも 12.49 mm になる。この値が MMVS であり，機能ゲージの寸法にな
る。データム B からデータム C に向かってワーク座標系の X 軸が決ま
る。ワーク座標系は右手直交系なので Y 軸は自動的に決まる。

表5.1　直径，位置度の交差域，MMVS の関係

データム B 直径〔mm〕	データム C 直径〔mm〕			浮動の有無
	12.50	12.51	12.52	
12.50	ϕ0.01	ϕ0.02	ϕ0.03	無
12.51	ϕ0.01	ϕ0.02	ϕ0.03	有
12.52	ϕ0.01	ϕ0.02	ϕ0.03	有

データム C 直径 −公差域〔mm〕	12.49	12.49	12.49

④　残りの貫通穴はデータム B，C と同じ直径とサイズ公差で，データム B
から TED で x が 50 mm，y が 25 mm の位置に貫通穴の軸直線がある。軸
直線の位置度はデータム B と C の貫通穴が共に MMS で，かつ対象の貫通
穴も MMS であれば，公差域は ϕ0.015 となる。これは，三つの穴がすべ
て 12.50 mm のとき，ϕ0.015 が公差域になることを示している。**表5.2**
に直径と位置度の公差域を示す。対象の貫通穴もサイズ公差の中間値
（12.51 mm）で加工すると，位置度の公差域は ϕ0.025 となり，かつデー
タム B の軸直線とデータム C の軸直線の浮動も許容できることになる。

表 5.2 データム B，C から得られる
三つ目の貫通穴の MMVS

直径〔mm〕	公差域〔mm〕	直径−公差域〔mm〕
12.50	0.015	12.485
12.51	0.025	12.485
12.52	0.035	12.485

直径から公差域を差し引くと，どの直径のサイズでも 12.485 mm になる。この値が MMVS であり，機能ゲージの寸法になる。

貫通穴の軸直線の位置度に MMR を適用しなければ，サイズ公差と幾何公差は独立なので，それぞれの公差域の内側に測定値があれば評価は良，なければ不良になる。MMR が適用されるとサイズ公差に合わせて位置度の公差域（幾何公差）が増加し，より柔軟に評価できるようになる。さらに，図示枠のデータムにも MMR が適用されると浮動も許される。

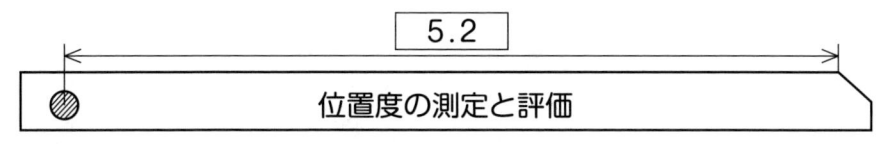

5.2 位置度の測定と評価

図 5.3 に接触式三次元測定機で測定した結果を示す。データム B の貫通穴は直径が 12.508 mm，データム C の貫通穴は直径が 12.507 mm，データム B と C の中心間距離は 99.994 mm，残りの貫通穴は直径が 12.509 mm，中心位置は x の値が 49.994 mm，y の値が 25.008 mm であった。それらの測定値について，まずは浮動のない状態で評価してみる。以下に評価を示す。

① データム B の直径はサイズ公差の内側にあるので評価は良である。

② データム C の直径はサイズ公差の内側にあるので評価は良である。

③ データム C の軸線の位置度は MMR が適用されているので $\phi 0.017$（$= \phi 0.01 + \phi 0.007$）が公差域になる。TED からの偏心は 0.006 mm（$= 100 - 99.994$）である。位置度の定義は偏心の 2 倍なので，データム C の軸線の位置度は $\phi 0.012$ となる。公差域の内側にあるので評価は良（$\phi 0.012 < \phi 0.017$）である。

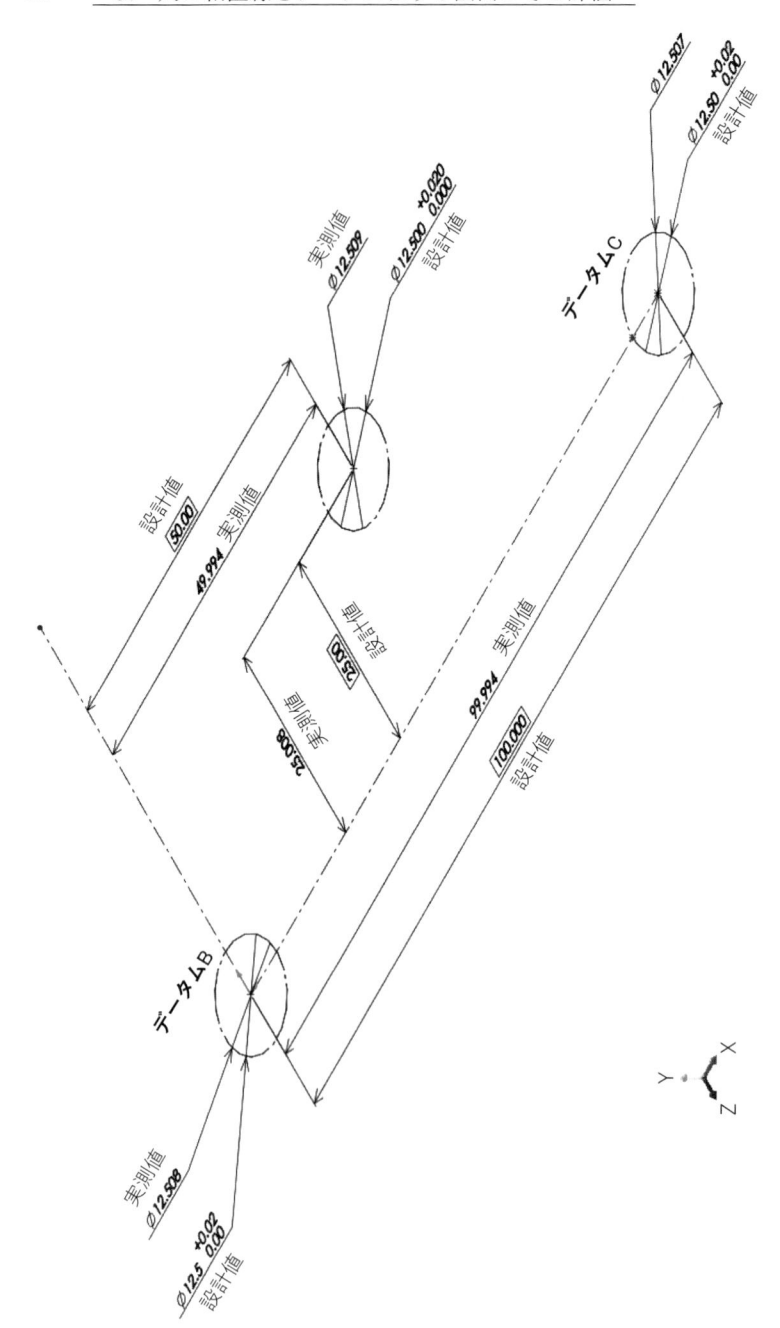

図 5.3　設計の値と測定の値

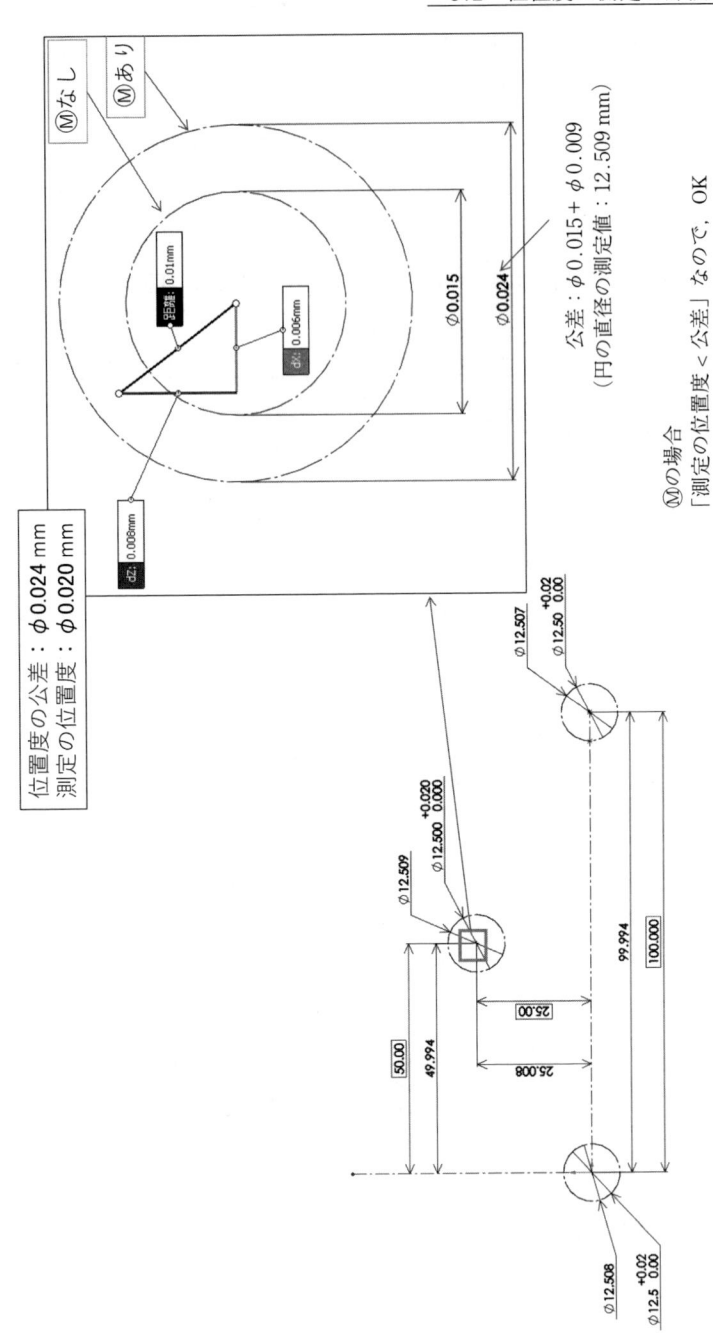

図 5.4　位置度の評価

④　残りの貫通穴の直径はサイズ公差の内側にあるので評価は良である。

⑤　TED からの偏心は $0.01\,\mathrm{mm}$（$=\sqrt{(0.006)^2+(0.008)^2}$）なので測定値の位置度は $\phi\,0.02$ となる。位置度の公差域は $\phi\,0.015$ なので，MMR の適用がなければ，評価は不良（$\phi\,0.02>\phi\,0.015$）となる。MMR の適用があれば公差域は $\phi\,0.024$（$=0.015+0.009$）となり測定の位置度は公差域の内側になるので評価は良（$\phi\,0.02<\phi\,0.024$）になる（**図 5.4**）。

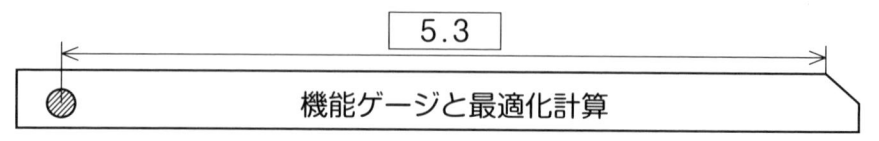

5.3　機能ゲージと最適化計算

MMR を適用する位置度は，機能ゲージで評価することができる。その場合は，MMVS の値が機能ゲージのサイズになる。**図 5.5** に三つの貫通穴の MMVS の値を示す。MMVS が直径の棒ゲージを TED の位置に垂直に組付ければ**図 5.6** に示す機能ゲージができあがる。機能ゲージを使えば，データムの軸

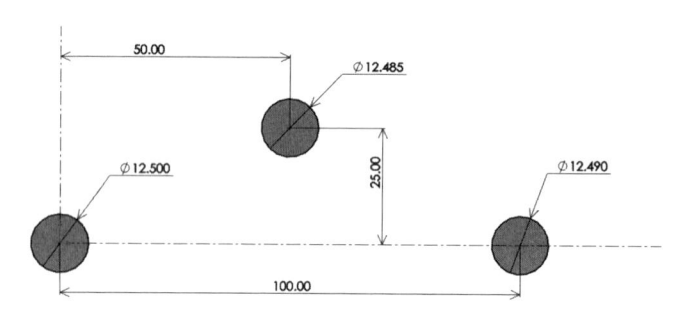

図 5.5　三つの貫通穴の MMVS の値

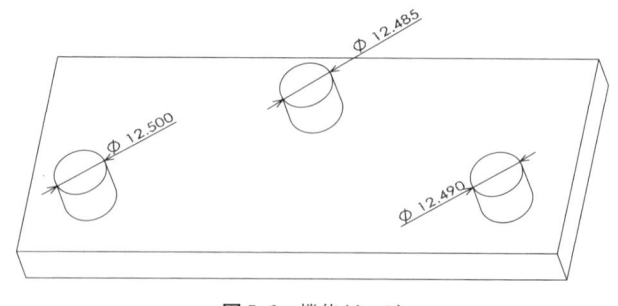

図 5.6　機能ゲージ

直線の浮動も含め，位置度を容易に評価することができる。

　接触式三次元測定機では，ベストフィットによる最適化計算で浮動を含む位置度を評価する。**図**5.7 に最適化計算の結果を示す。2 次元の最適化計算では，データム B の軸直線の位置（x, y）と，Z 軸まわりの回転角度（θ）の三つが変数になる。目的関数は位置度の値である。最適化計算では，位置度を最小にする x，y，θ を求める。図 5.7 は，測定の座標系を基準に，図面の座標を移動（並進と回転）している。

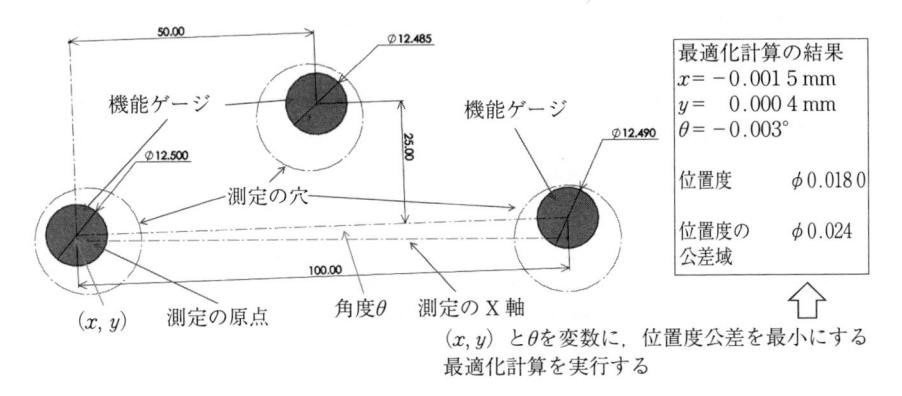

図 5.7　最適化計算による位置度の評価

　最適計算の結果は，測定の原点に対し図面の原点を x 方向に $-0.0015\,\text{mm}$，y 方向に $+0.0004\,\text{mm}$ 平行移動し，さらに，Z 軸を反時計方向に $0.003°$ 回転移動すると，位置度が最小値になり，その値は $\phi 0.0180$ になるというものである。浮動がなければ位置度は $\phi 0.020$ なので，浮動による効果がわかる。接触式三次元測定機には，位置度の計算において穴のパターンもベストフィットによる最適化計算を実行する機能を備えている。単純な篏合であれば，MMR を位置度の公差とデータムの両方に適用することで，部品製作の経済的優位性を高めることができる。

第6章

回転体と振れ公差

　工作機械の主軸，モータの軸，フライホイール，軸継手など回転する機械部品では，回転中に振動が発生し，部品の損傷につながる危険がある。そのため，形体の回転による振れを幾何公差で規制する必要がある。幾何公差には，**全振れと円周振れ**の二つがある。ここでは，全振れと円周振れの公差，および真円度測定機による振れ公差の検証について学習する。

6.1 全振れと公差域

　図 6.1（ a ）に両端を支えて回転する円筒形体を示す。円筒形体の軸線が両端の軸線に対し偏心していると，円筒形体は回転に伴う振れを起こす。全振れは，円筒形体の表面（円筒の側面）全体の振れの最大値のことであり，その記号は $\text{\it{↗↗}}$ である。図（ b ）に両端を軸受で支える段付き軸の図面を示す。直径 16 mm と直径 20 mm それぞれの軸直線がデータム A とデータム B である。図面の指示は，この二つのデータムを共通データムとして回転したとき，直径 40 mm の円筒表面の振れが全振れで 0.05 mm 以内になるように規制している。全振れの意味は，直径 40 mm の円筒表面は共通データムの軸直線（A-B）と同軸で，かつ半径の差が 0.05 mm の同軸な二つの円筒に挟まれていることを意味している。これが，半径方向の全振れである。換言すると，半径方向の全振れは，円筒表面のゆがみとデータム直線（A-B）との同軸を，一つの幾何公差で規制しているものである。

　加工現場では，簡易的な測定方法として**図 6.2** に示すように，定盤に置いた二つの V ブロックや同軸な二つの三つ爪チャックで軸の両端を支え，①軸を

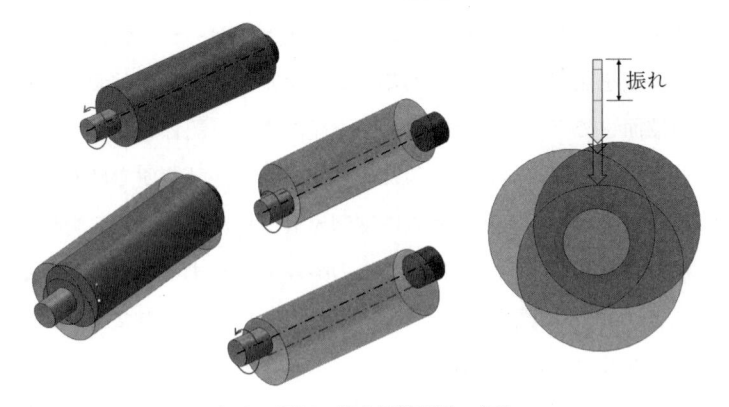

（a） 回転に伴う円筒形体の振れ

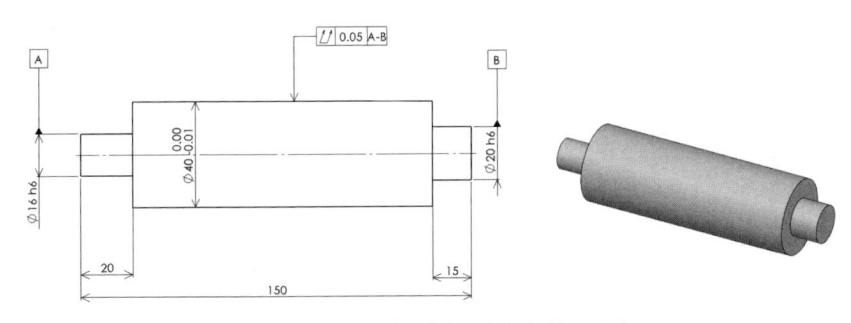

（b） 両端を軸受で支える段付き軸の図面

図6.1　前振れと公差域

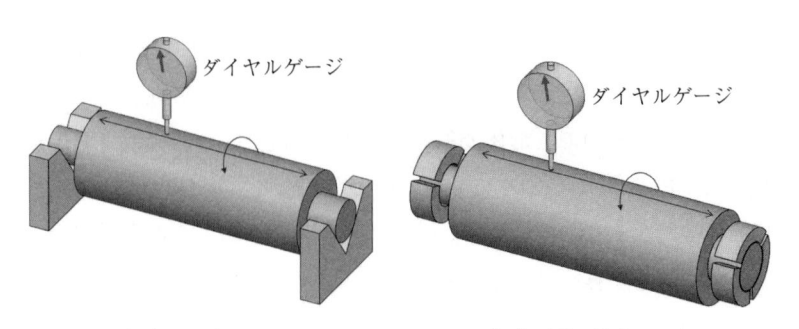

（a） Vブロック　　　　　　　（b） 三つ爪チャック

図6.2　簡便な測定方法

回転させてダイヤルゲージの値を記録，②ダイヤルゲージを軸に平行に移動して①と同様に値を記録する方法がある。ダイヤルゲージを少しずつ移動しながら円筒面の端面までダイヤルゲージの値を記録する。記録したすべての値の中で最大値と最小値の差が全振れの値になる。この方法は簡便ではあるが効率の良い方法とは言えない。実務では真円度測定機で振れを検証する場合が多い。

全振れは，図6.3に示すように軸方向の振れも規制することができる。この図は，直径20 mm の軸直線をデータム A で，直径40 mm のフランジの端面を全振れ（公差域0.05 mm）で規制している。$\boxed{\cancel{}\,0.05\,|\,A}$は，データム A の軸直線に垂直な平行2平面で端面を挟んだとき，0.05 mm が許容公差域であるという意味なので，測定対象は端面の全体になる。

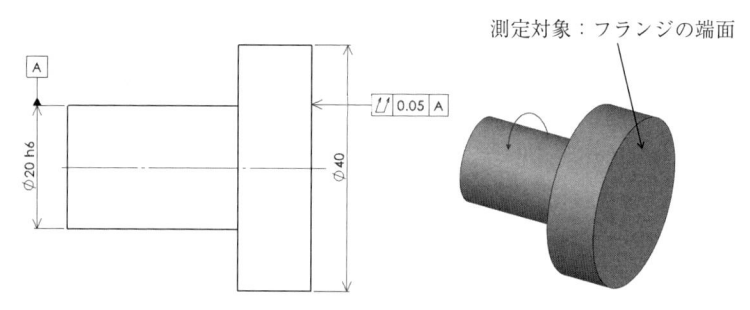

図6.3　軸方向の全振れ

図6.4に段付き軸の全振れ公差を図示する。半径方向の公差は，直径55 mm の円筒形体が共通データムの軸直線と同軸であり，かつ，その円筒表面の測定値は，同軸で半径差が0.01 mm の二つの円筒の間に挟まることを意味している。旋盤で機械加工した軸の表面には，真円度，真直度，円筒度，同軸度が複合しているので，形体公差の円筒度と位置公差の同軸度でも規制できる。しかし，円筒度はデータム A–B に関わりがなく，同軸度は軸表面の形体を直接的に規制するものではない。この両方の特性がある全振れは回転による振れの規制に都合が良い公差である。

軸方向の公差は，指示された面で測定した値が，共通データムの軸直線に垂直で距離が0.015 mm 離れた平行な2平面の間に挟まることを意味している。

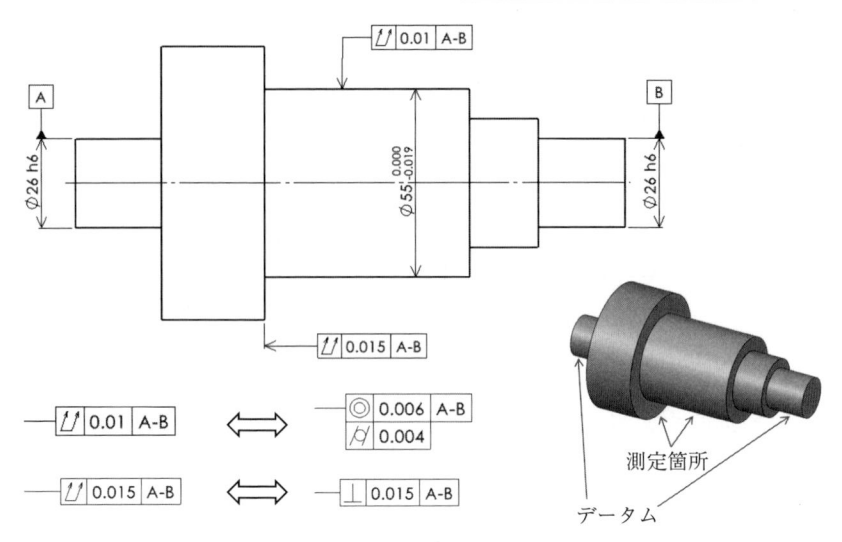

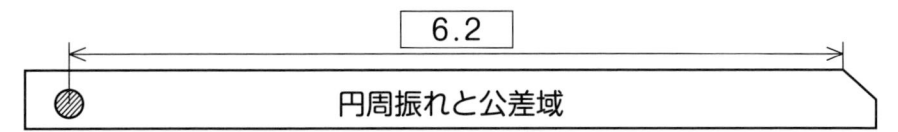

図 6.4 段付き軸の全振れ公差

これは姿勢公差の直角度でも規制できる。

6.2 円周振れと公差域

　円周振れは，回転体の表面の一つの位置において指定した方向（半径方向，軸方向，法線方向，斜め指定方向）の公差を規制するものであり，データム（軸直線）に対する偏心に形体公差を重ね合わせたものである。**図 6.5** に円周振れの図示と指定する方向を示す。図（a）は半径方向，図（b）は軸方向，図（c）は表面の法線方向，図（d）はデータムに対して斜め指定方向の規制である。

　図 6.6 に円周振れ公差で規制する軸継手本体を示す。半径方向の公差は，直径 140 mm の円筒表面の任意の位置で断面（断面は円）を測定し，その中心がデータム A の軸直線上にあり，かつ，測定した値は同心で半径差が 0.03 mm の二つの円の間に挟まることを意味している。軸方向の公差は，指示された面の任意の半径の位置で測定した値がデータム A と垂直で 0.03 mm は離れた二

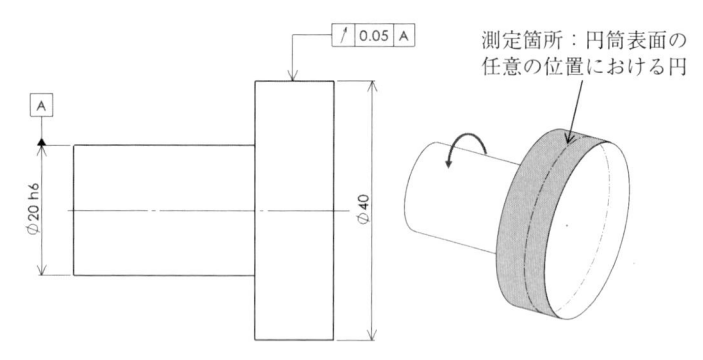

測定箇所：円筒表面の
任意の位置における円

（a） 半径方向の規制

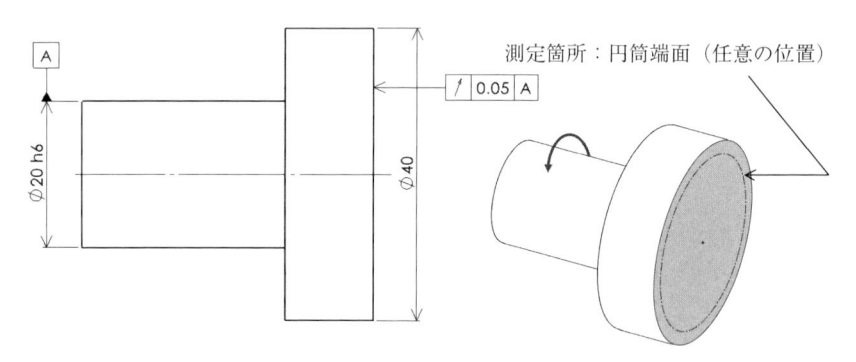

測定箇所：円筒端面（任意の位置）

（b） 軸方向の規制

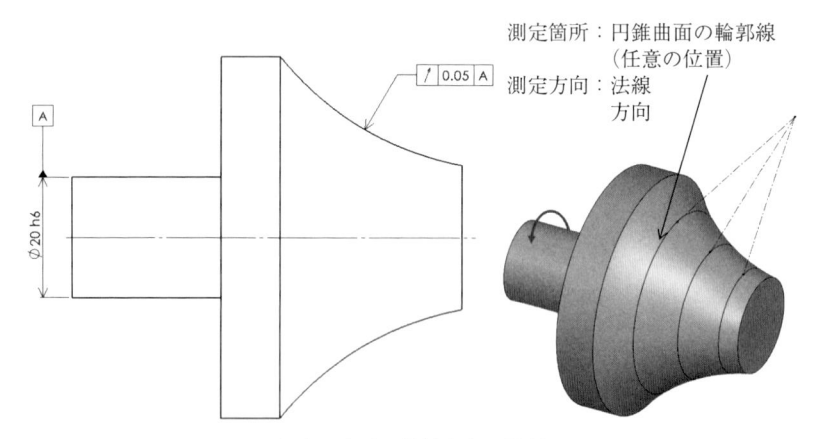

測定箇所：円錐曲面の輪郭線
（任意の位置）
測定方向：法線
方向

（c） 表面の法線方向の規制

図 6.5 円周振れ公差（続く）

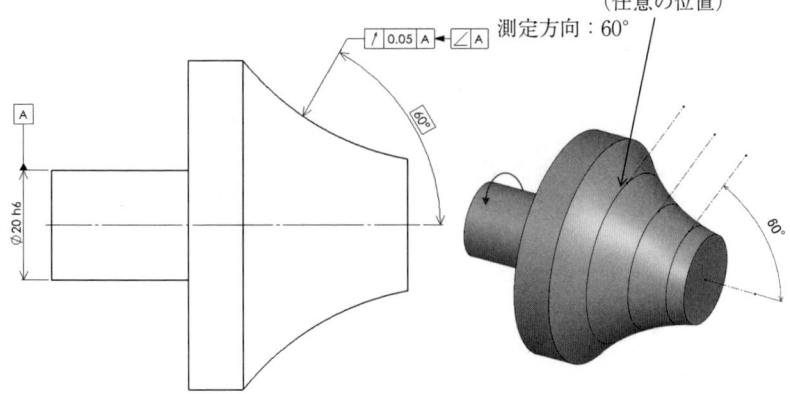

測定箇所：円錐曲面の輪郭線
　（任意の位置）
測定方向：60°

（d）　データムに対して斜め指定方向の規制[†]

図 6.5　（続き）

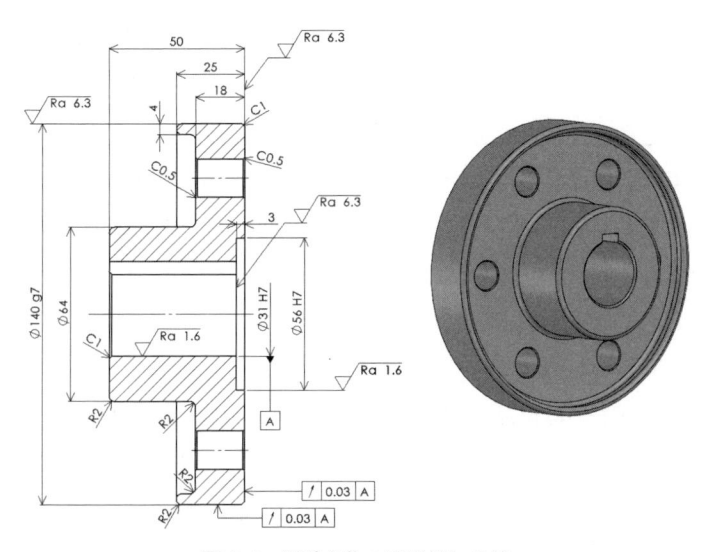

図 6.6　継手本体の円周振れ公差

[†] 境界線タイプ　公差タイプ　データム参照
図中のインジケータの記号の説明：公差インジケータのタイプ（境界線タイプ）は真円を示す「◄」，インジケータの作成方法（公差タイプ）は角度を示す「∠」，参照のデータムは「A」であり，角度は TED の [60°] である。

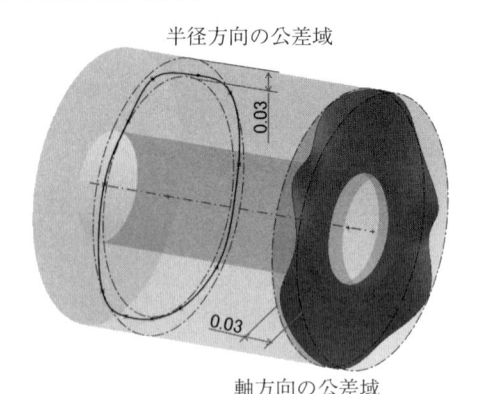

半径方向の公差域

0.03

0.03

軸方向の公差域

図 6.7　円周振れの公差域

つの平行な平面に挟まれることを意味している。**図 6.7** に，半径方向の公差域
と軸方向の公差域を模式図で示す。

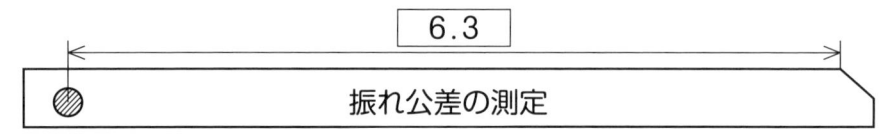

6.3 振れ公差の測定

　振れ公差は，円筒表面のゆがみとデータムの軸直線との同軸を一つの値で規
制する幾何公差であり，真円度，円筒度，真直度，平行度，同軸度の公差を内
包している。

　回転体の測定には，真円度測定機を多用している。真円度測定機には二つの
タイプがあり，一つはスタイラス（測定子）を固定して部品が回転するテーブ
ル回転型，もう一つは部品を固定してスタイラスが回転する測定子回転型であ
る。いずれも回転軸は，真円度測定機の機械系の軸である。**図 6.8** にテーブル
回転型の真円度測定機の機構を示す。測定では，測定機の軸にデータムの軸直
線を一致させる必要がある。測定機の軸とデータムの軸直線が傾いていると円
を測定しても楕円になる。また，軸とデータムが平行でも位置が一致していな
いと円を測定しても楕円になる。そのため，回転テーブルには水平方向の心出
し機能と傾斜方向の心出し機能が備えてある。**図 6.9** に，2 軸が直交する XY

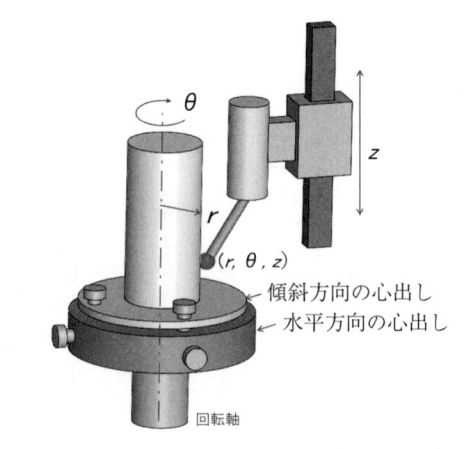

図6.8 テーブル回転型の真円度測定機の機構（模式図）

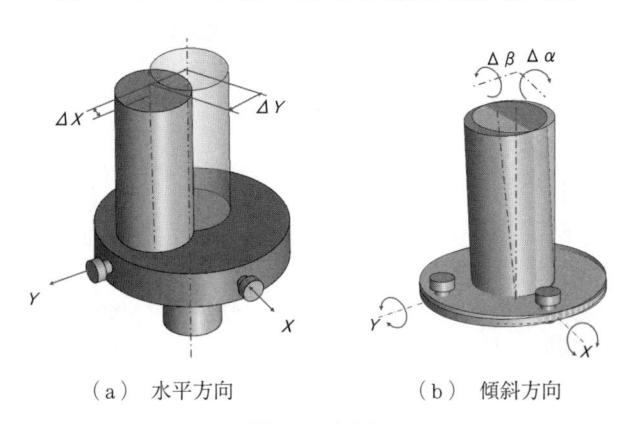

（a）　水平方向　　　　　　　（b）　傾斜方向

図6.9 心出し

テーブル（図（a））と球座の傾斜テーブル（図（b））による**心出し**[†]を示す。

　マニュアル操作による心出し作業は効率が良くないので，自動で心出しを実行する機種がある。真円度測定機では，回転している形体の表面をスタイラスで測定するので，測定データは極座標（r, θ, z）の値になる。

　真円度測定機による全振れの測定を**図6.10**に，円周振れの測定を**図6.11**に，それぞれ示す。図（a）は半径方向の公差を，図（b）は軸方向の公差を

---

† 芯出しと表記されることもある。

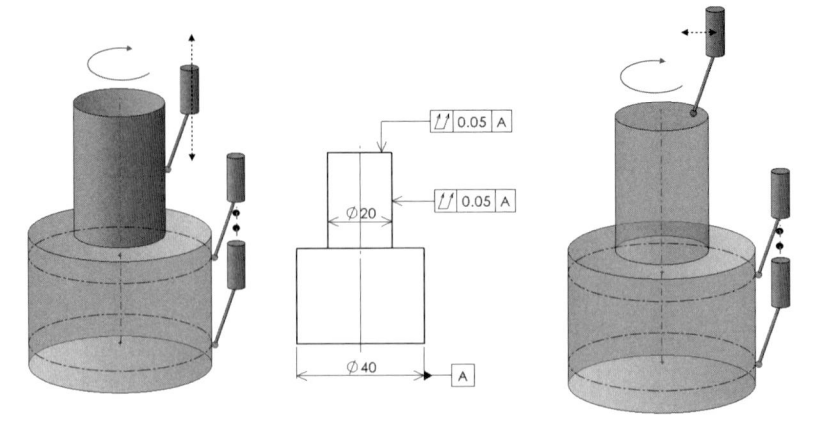

（a）　半径方向の公差の測定　　　　　　　（b）　軸方向の公差の測定

図6.10　真円度測定機による全振れの測定

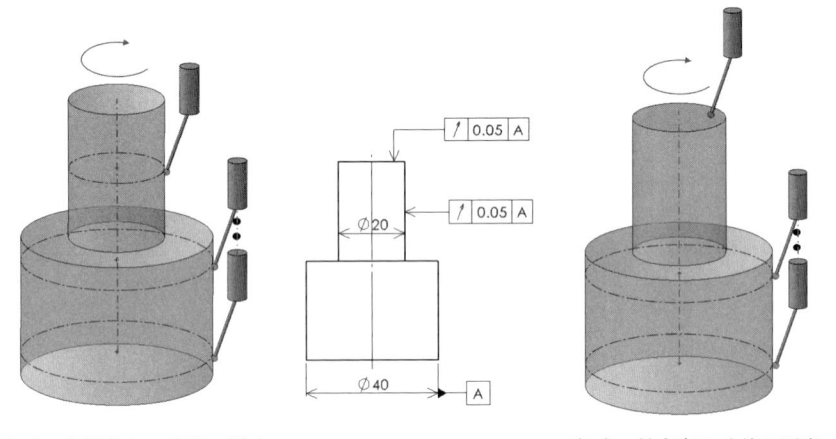

（a）　半径方向の公差の測定　　　　　　　（b）　軸方向の公差の測定

図6.11　真円度測定機による円周振れの測定

測定する方法である。データムの軸直線は二つ以上の断面から求める。**図6.12** に同軸度の測定を示す。最初に，円筒測定でデータムの軸直線と測定対象の軸直線をそれぞれ求める。そして，データムの軸直線を基準に同軸度を計算する。

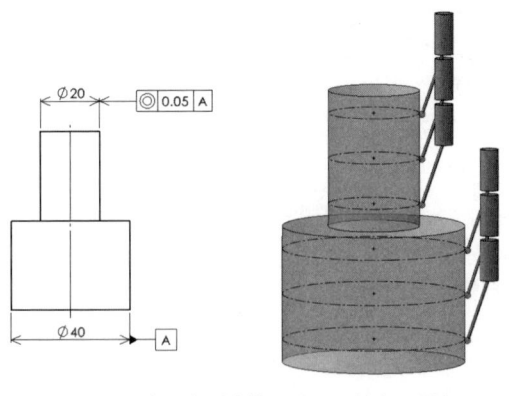

図6.12 真円度測定機による同軸度の測定

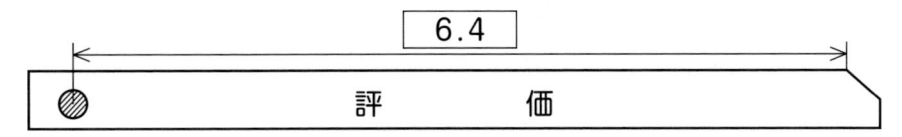

6.4 評 価

　高さ z の位置で円筒の表面を測定すると，データは極座標 $((r_i, \theta_i, z_i) i = 1, n)$ で得られる。この値は，真円度測定機の回転軸が基準なので，r_i は偏心を含んだ値である。ここで，**図6.13** に示すように，データの半径方向の値を $r(\theta_i)$ とすると，測定データの平均半径 R，x 方向の偏心の値 a，y 方向の偏心の値 b は次式で計算できる。なお，n は1回転の測定で得られるデータ数（等間隔でサンプリング）である。

$$R = \sum \frac{r(\theta_i)}{n}$$

$$a = 2\sum \frac{r(\theta_i)\cdot\cos(\theta_i)}{n}, \qquad b = 2\sum \frac{r(\theta_i)\cdot\sin(\theta_i)}{n}$$

$a, b \ll R$ なので，偏心を含まない回転体のみの半径方向の値 $R(\theta_i)$ は次式で近似することができ

$$R(\theta_i) = r(\theta_i) - (a\cdot\cos(\theta_i) + b\cdot\sin(\theta_i))$$

真円度の値は

$$R_{\text{max}-\text{min}} = R(\theta_i)_{\text{max}} - R(\theta_i)_{\text{min}}$$

である。円周振れは

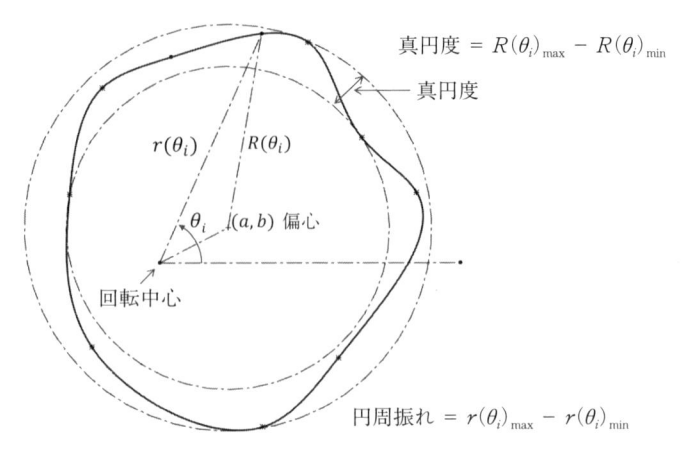

図6.13 真円度測定機による測定データの処理

$$r_{\text{max}-\text{min}} = r(\theta_i)_{\text{max}} - r(\theta_i)_{\text{min}}$$

である。

　この計算を，**表6.1**に示すデータで検証する。表中の$r(\theta)$の値は半径50 mmの円を偏心（0.1，0.06）したものである。この数値から平均半径R，偏心(a, b)，偏心を含まない半径方向の値$R(\theta_i)$を計算し，真円度と円周振れを計算した。上記の近似式が実用的であることがわかる。

表6.1 近似式を検証するためのデータ（続く）

θ〔°〕	$r(\theta)$〔mm〕	$r\cos(\theta)$〔mm〕	$r\sin(\theta)$〔mm〕	$R(\theta)$〔mm〕
0	50.100 0	50.100 0	0.000 0	50.000 0
10	50.108 9	49.347 6	8.701 3	50.000 0
20	50.114 5	47.092 2	17.140 2	50.000 0
30	50.116 6	43.402 3	25.058 3	50.000 0
40	50.115 2	38.390 5	32.213 4	50.000 0
50	50.110 3	32.210 3	38.386 7	50.000 0
60	50.102 0	25.051 0	43.389 6	50.000 0
70	50.090 6	17.132 0	47.069 8	50.000 1
80	50.076 5	8.695 7	49.315 8	50.000 1
90	50.060 1	0.000 0	50.060 1	50.000 1
100	50.041 8	-8.689 7	49.281 6	50.000 1
110	50.022 3	-17.108 6	47.005 6	50.000 1

表 6.1　（続き）

θ [°]	r (θ) [mm]	$r\cos$ (θ) [mm]	$r\sin$ (θ) [mm]	R (θ) [mm]
120	50.002 1	−25.001 0	43.303 1	50.000 1
130	49.981 8	−32.127 7	38.288 3	50.000 1
140	49.962 1	−38.273 2	32.115 0	50.000 1
150	49.943 5	−43.252 3	24.971 8	50.000 1
160	49.926 6	−46.915 7	17.075 9	50.000 1
170	49.912 0	−49.153 7	8.667 1	50.000 1
180	49.900 0	−49.900 0	0.000 0	50.000 0
190	49.891 1	−49.133 2	−8.663 5	50.000 0
200	49.885 5	−46.877 0	−17.061 9	50.000 0
210	49.883 4	−43.200 3	−24.941 7	50.000 0
220	49.884 8	−38.214 0	−32.065 4	50.000 0
230	49.889 8	−32.068 5	−38.217 8	50.000 0
240	49.898 1	−24.949 0	−43.213 0	50.000 0
250	49.909 5	−17.070 0	−46.899 6	50.000 1
260	49.923 6	−8.669 1	−49.165 2	50.000 1
270	49.940 1	0.000 0	−49.940 1	50.000 1
280	49.958 4	8.675 2	−49.199 4	50.000 1
290	49.978 0	17.093 5	−46.963 9	50.000 1
300	49.998 2	24.999 1	−43.299 7	50.000 1
310	50.018 4	32.151 2	−38.316 4	50.000 1
320	50.038 2	38.331 5	−32.163 9	50.000 1
330	50.056 7	43.350 4	−25.028 4	50.000 1
340	50.073 5	47.053 7	−17.126 2	50.000 1
350	50.088 1	49.327 2	−8.697 7	50.000 1
計	1800.002 4	1.800 0	1.080 0	0.000 0

平均半径：$R = \sum \dfrac{r(\theta_i)}{n} = 50.000\ 1$ [mm]

偏　心：
$$a = 2\sum \frac{r(\theta_i)\cdot\cos\ (\theta_i)}{n} = 0.100\ 0\ \text{[mm]}$$
$$b = 2\sum \frac{r(\theta_i)\cdot\sin\ (\theta_i)}{n} = 0.060\ 0\ \text{[mm]}$$

真 円 度：$R_{\text{max-min}} = R(\theta_i)_{\text{max}} - R(\theta_i)_{\text{min}} = 50.000\,14 - 50.000\,00 \approx 0.000\,1 \,[\text{mm}]$

$$\to 0.1\,[\mu\text{m}]$$

$$\approx 0.000$$

円周振れ：$r_{\text{max-min}} = r(\theta_i)_{\text{max}} - r(\theta_i)_{\text{min}} = 50.116\,6 - 49.883\,4 = 0.233\,2 \,[\text{mm}]$

円の中心が座標原点 $(0,0)$ から (a,b) に偏心した真円における円周振れ：

$$r(\theta_i) + \sqrt{a^2+b^2} - \left(r(\theta_i) - \sqrt{a^2+b^2}\right) = 2\sqrt{a^2+b^2} = 2\sqrt{0.100\,0^2 + 0.060\,0^2}$$

$$= 0.233\,2 \,[\text{mm}]$$

第 7 章

輪郭度とその評価

　プレス成形，射出成形，ダイカスト成形，鋳造などで製作する部品は自由曲面が多く複雑な形状である。2DCAD では自由曲面を正確に表現することが難しい。そのため，ソリッドモデルの 3DCAD が実務で使用される前から，サーフェスモデルで形状を正確に定義してきた。**輪郭度**は形体の表面の幾何公差を規制するものである。ここでは，3DCAD で定義している部品モデルと輪郭度の図面表記，公差域とその評価について学習する。

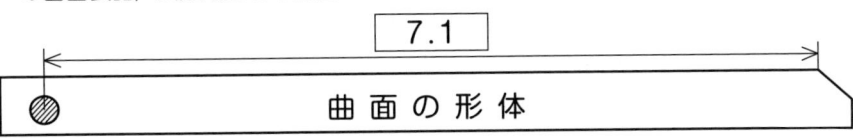

7.1 曲 面 の 形 体

　図 7.1 に示す形状の上面は，三つの円弧（R_1, R_2, R_3）が**正接**†する曲線から生成した曲面である。一方，**図 7.2** に示す形状の上面は，図 7.1 とほとんど同じ形状であるが，一つの自由曲線から生成した曲面である。

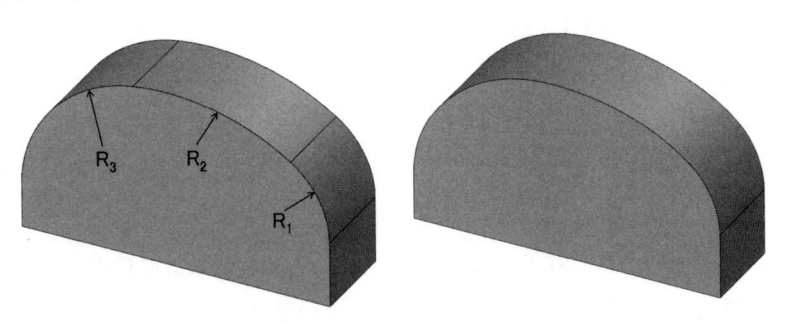

図 7.1　三つの円弧が正接する 曲線で生成した曲面	図 7.2　一つの自由曲線で 生成した曲面

---

†　半径の値の異なる円弧が，ある点において同じ接線を持つこと。

図 7.3 にこの二つの曲面の曲率を示す。図（a）が三つの円弧で生成した曲面，図（b）が自由曲線で生成した曲面である。曲率分布から理解できるように，図（a）は曲率が不連続である。一方，図（b）は連続している。

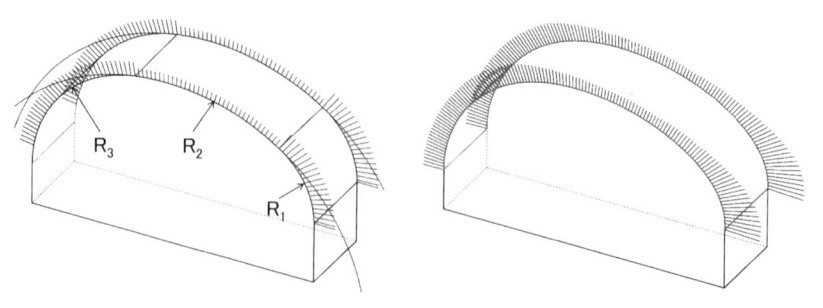

（a） 三つの円弧で生成した曲面　　　（b） 自由曲線で生成した曲面

図 7.3　二つの曲面の曲率分布

CAD ではこの面を生成する曲線を**図 7.4** のように描いている。図（a）は半径の値が異なる三つの円弧について，R_1 と R_2 が点 A で，R_2 と R_3 が点 B で，それぞれ正接している曲線である。一方，図（b）は通過点の座標値（あるいは制御ポリゴンを構成する点の座標値）で指示している自由曲線（スプライン曲線）である。成形品の多くは自由曲面なので，図面にこれらの点の値だけが示されても機械加工や測定はできない。曲面の加工や測定には，通過点の座標値に加えて，曲面の正しい形体として 3DCAD データ（サーフェスあるいはソリッド）が必要となる。

カムのような機械部品でも同様である。平面カムの設計例を以下に示す。

① 平面カムの設計では基礎円の直径 D と**変位線図**（横軸が角度，縦軸がカムのリフト量 y）を考える（**図 7.5**）。

② 基礎円の半径（$D/2$）に変位 y を加算してカムの輪郭曲線を求める（極座標）。極座標の値（r, θ）を直交座標の値（x, y）に置き換える（**図 7.6**）。

③ 直交座標の値を点の集合として 3DCAD に読み込み，すべての点を通過するようにスプライン曲線などの自由曲線でカムの輪郭曲線を定義する

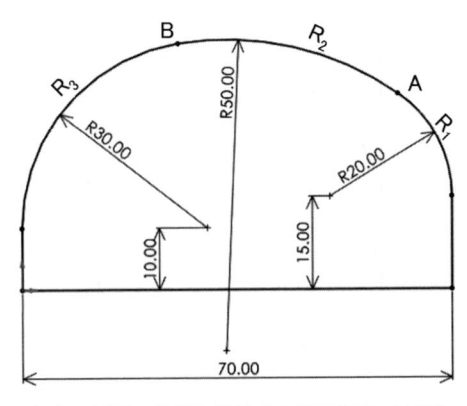

（a）　円弧の半径と接続点の幾何拘束（正接）

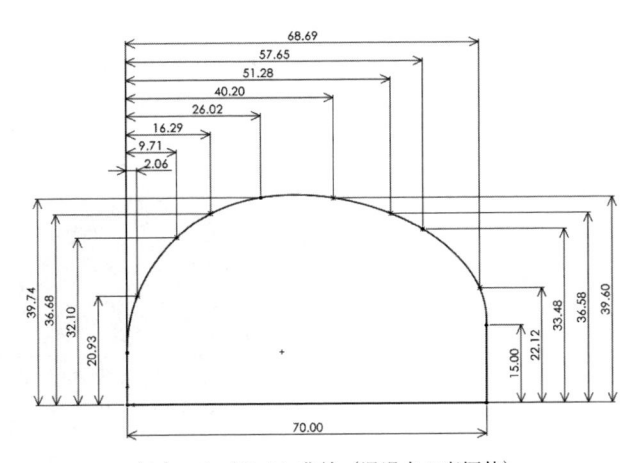

（b）　スプライン曲線（通過点の座標値）

図7.4　CAD で生成する曲面

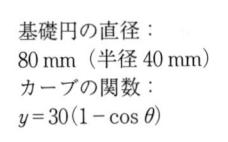

基礎円の直径：
80 mm（半径 40 mm）
カーブの関数：
$y = 30(1 - \cos\theta)$

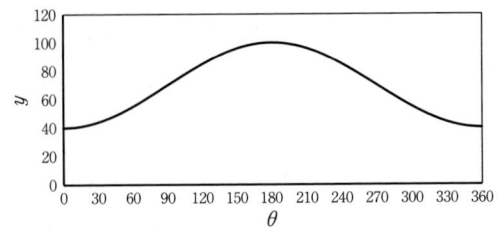

図7.5　カムの変位線図

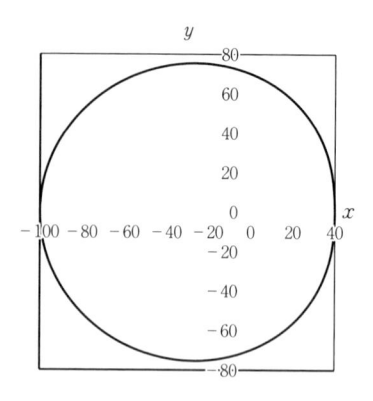

図7.6　平面カム（直交座標系）

（**図7.7**）。

4　この自由曲線をプロファイルにして，押し出すと平面カムのソリッドモデルができあがる（**図7.8**）。

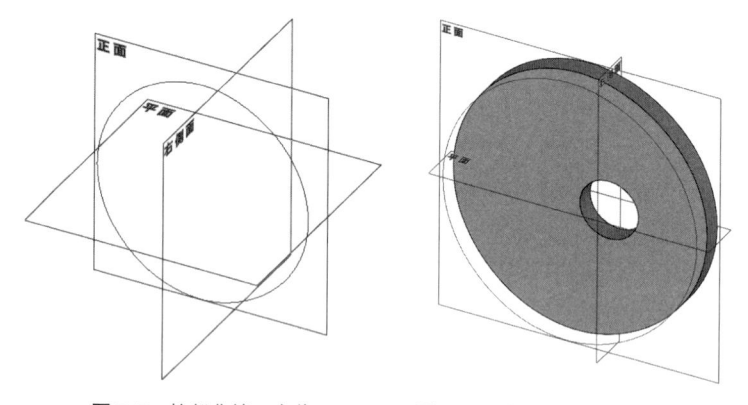

図7.7　輪郭曲線の定義　　　　図7.8　平面カムのソリッドモデル

このモデルをCAMに読み込み，輪郭加工の工具経路（CLデータ）を計算し，ポストプロセッサでNCデータにして，CNC工作機械に送信すれば，加工の準備が整う。

このように，設計データは点の集合になるので，加工したカムから設計値の点を一つひとつ評価することは実用的でない。接触式三次元測定機ではカムの

輪郭をスキャニングで測定して，点群データとして保存し，その点群データとカムの CAD データを比較することで評価する。非接触式三次元測定機でも同様に，測定データの点群データと 3DCAD データを比較して評価する。そのため，曲面の理論的に正しい形体として 3DCAD データ（サーフェスあるいはソリッド）が必要になる。

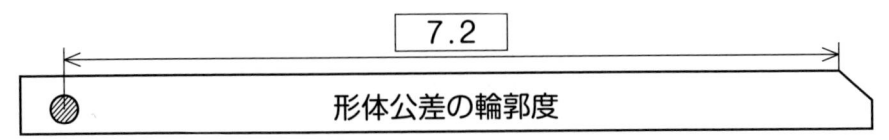

7.2 形体公差の輪郭度

　輪郭度には線の輪郭度と面の輪郭度があり，形状公差，姿勢公差，位置公差を規制することができる。図7.1 に示す形状で，これらの公差に関する輪郭度の図示と公差域について説明する。

　図 7.9，**図 7.10**，**図 7.11**，**図 7.12** は，形状公差に関する図示である。**図7.13** に輪郭度の公差域を示す。図（a）は線の輪郭度の公差域である。TEDの線上を直径 0.06 mm の円の中心が移動するとき，TED の上と下に包絡線がそれぞれできる。これが線の輪郭度の公差域である。図（b）は面の輪郭度の公差域である。TED の面上を公差の値を直径とする球の中心が移動するとき，TED の面の上と下に包絡面がそれぞれできる。対象となる面を測定するとき，そのすべての測定点が二つの包絡面の内部にあることを意味している。TEDの面を **TEF**（theoretically exact feature：理論的に正確な形体）という。図面に形状公差の輪郭度を示すときには，輪郭度の記号と公差域の値を記入する枠

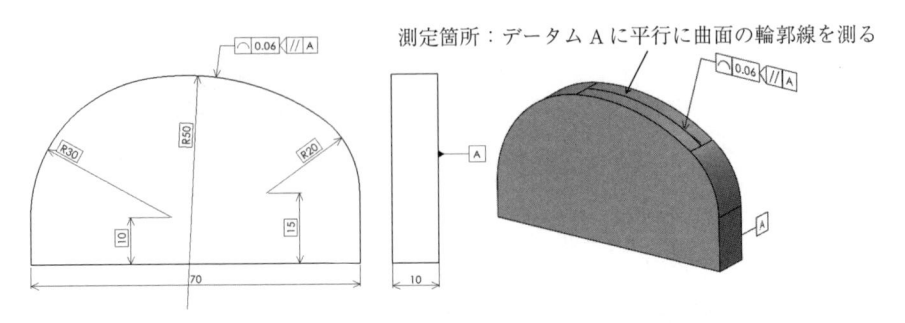

図 7.9　R50 の曲面を規制する線の輪郭度（形状公差）

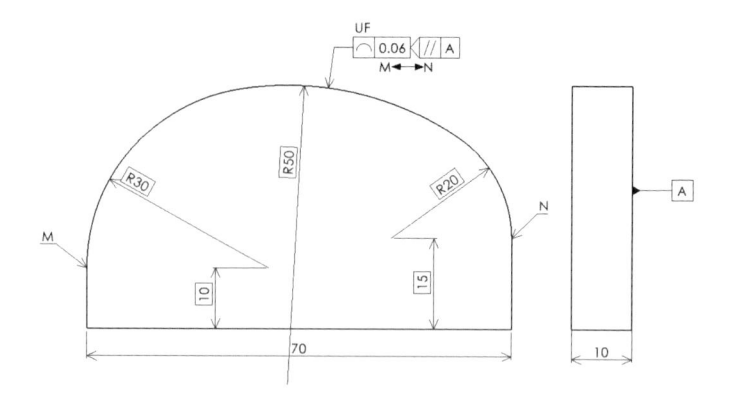

測定箇所：データム A に平行に曲面の輪郭線（M↔N）を測る

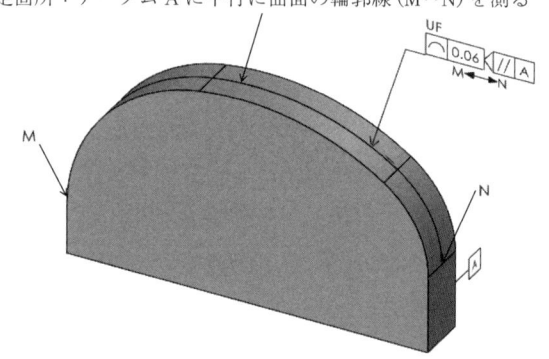

図 7.10 三つの曲面（R30,R50,R20）を規制する線の輪郭（形状公差）

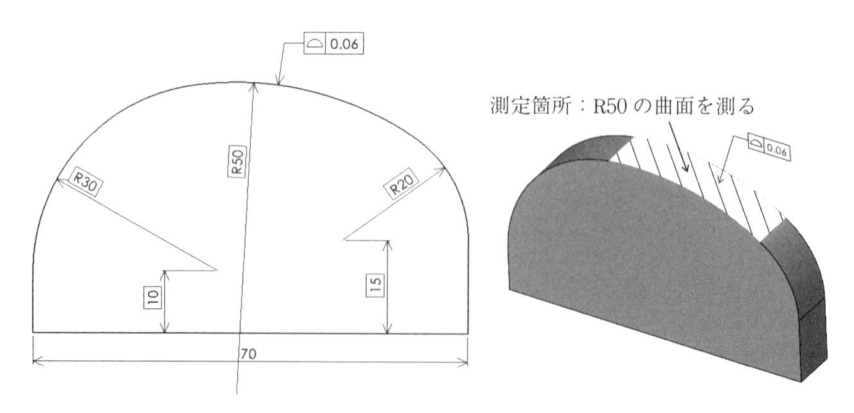

図 7.11 R50 の曲面を規制する面の輪郭度（形状公差）

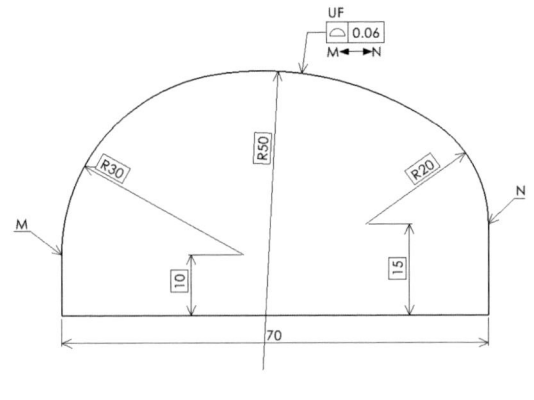

測定箇所：R30, R50, R20 の曲面を測る

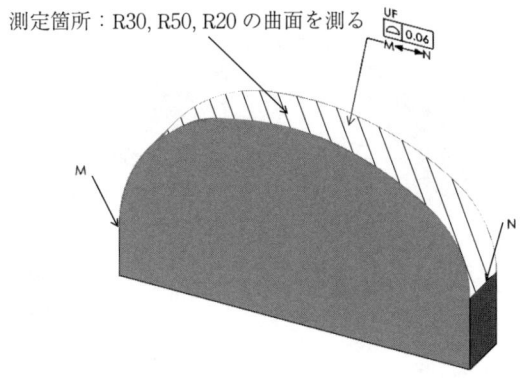

図7.12 三つの曲面（R30, R50, R20）を規制する面の輪郭度（形状公差）

だけでよい。データムを記入する枠は不要である。

　図7.9の線の輪郭度は公差域が0.06 mmであることを示している。データム A に平行に R50 の TED（円弧）を測定するとき，そのすべての測定点が二つの包絡線の内側にあることを意味している。図7.10は正接する三つの円弧（R30, R50, R20）を規制の対象とする線の輪郭度である。図中の **UF**（united feature の頭文字：結合（複合）形体）は複数の形体を単一の形体として取り扱うという意味である。両矢印で示す区間指示は輪郭度を指定する範囲である。図7.11は R50 の面を，図7.12は上面の三つの面（R30, R50, R20 の面）を規制の対象とする面の輪郭度である。**図7.14**に部品の全周に対する輪郭度の図示を，**図7.15**に部品のすべての面に対する輪郭度の図示をそれぞれ示す。

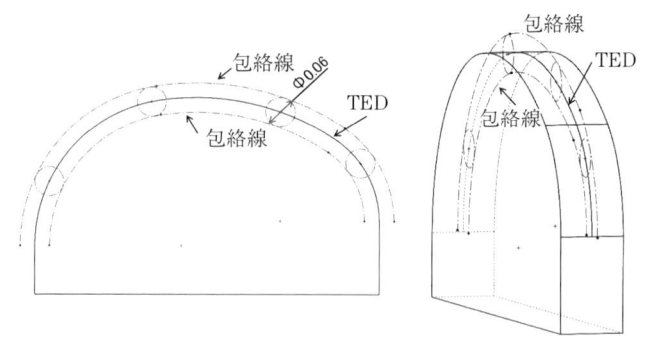

（a）　線の輪郭度

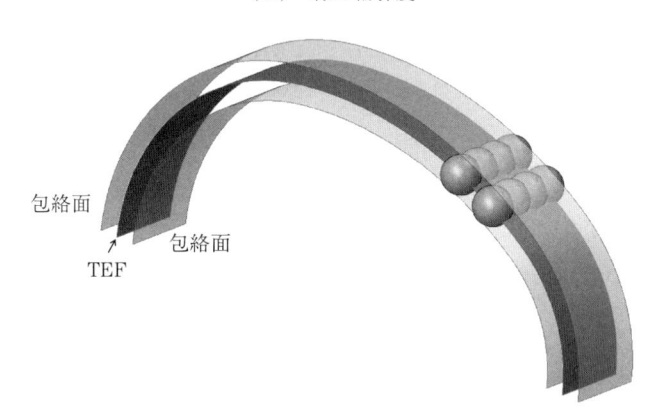

（b）　面の輪郭度

図 7.13　公差域の定義

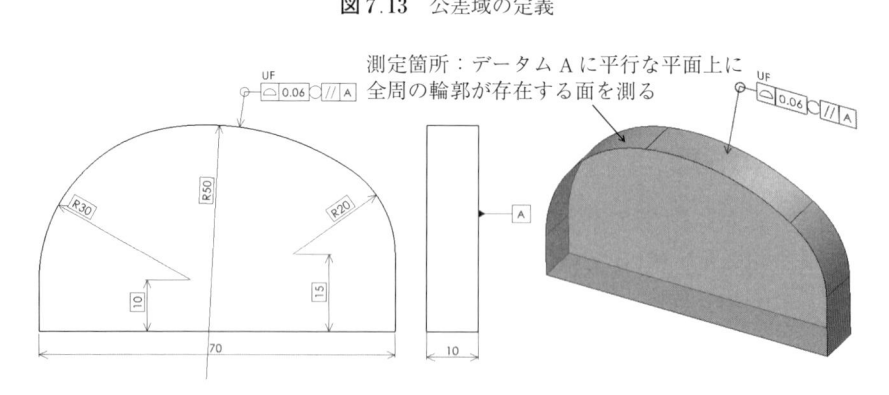

測定箇所：データム A に平行な平面上に
全周の輪郭が存在する面を測る

図 7.14　部品の全周に対する輪郭度

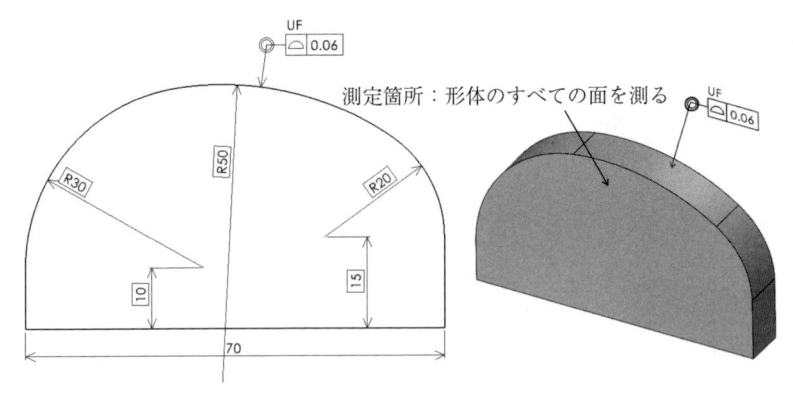

図7.15 部品のすべての面に対する輪郭度（形状公差）

図7.16に示す二つの部品を金型の入れ子構造のようにアセンブリするとき
には，軸や穴で多用しているIT公差（はめあい公差，例えば穴にH7，軸に
h7）の考え方が合理的である。輪郭度の定義は，上述したようにTEDを中心
にその上と下の包絡線，TEFを中心にその上と下の包絡面で規制している。
寸法でいうと±の許容値と同じである。そこで，はめあいを指示するために，
TEFをオフセットして公差域を指示する**指定オフセット公差域**（specified
tolerance zone offset）がある。記号は**UZ**（unequal zone の頭文字）で記す。

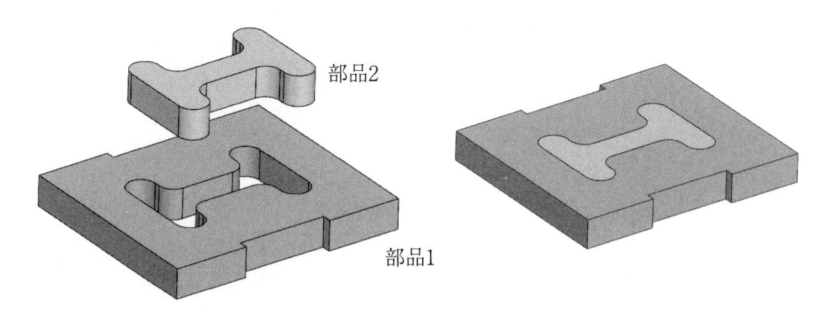

図7.16 部品1（母型）と部品2（入れ子）のアセンブリ

図7.17と図7.18にUZを付け加えた輪郭度とその指定オフセット公差域を
示す。これらの図では，TEFを実体の内部に0.02 mmオフセットした面を基
準面に，直径0.04 mmの球の包絡面を考えるので，二つの部品はTEFの位置

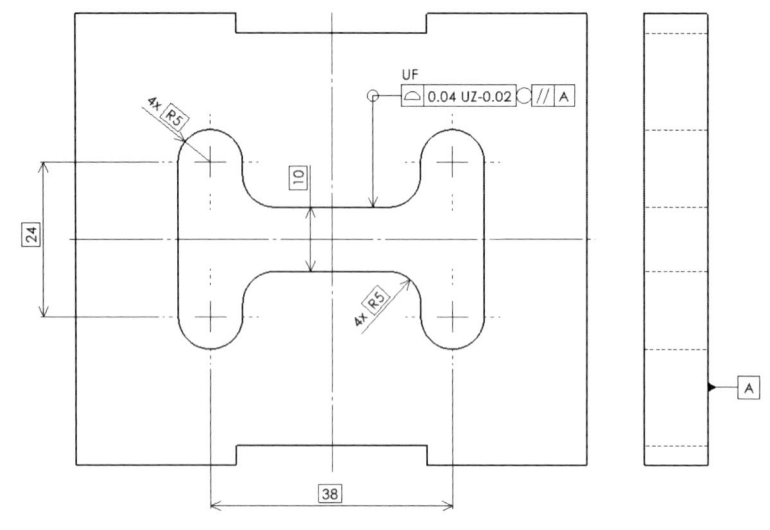

（a）　輪郭度（指定オフセット公差域）

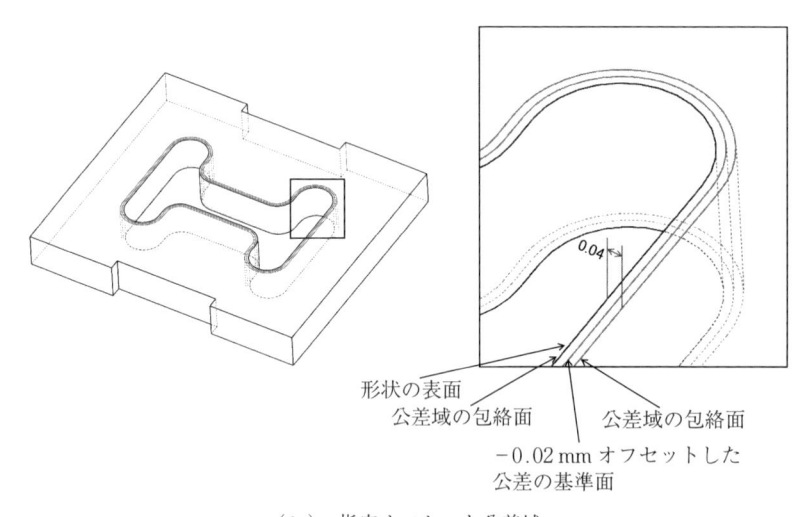

形状の表面
公差域の包絡面
公差域の包絡面
−0.02 mm オフセットした
公差の基準面

（b）　指定オフセット公差域

図 7.17　部品 1

で，すきまが 0 mm になる。最大のすきまは 0.08 mm になる。

　図 7.19 と **図 7.20** に位置公差と姿勢公差の輪郭度を示す。公差域の値の枠の後にデータムの枠を付けて図示する。図 7.19 の輪郭度を規制する曲面はデー

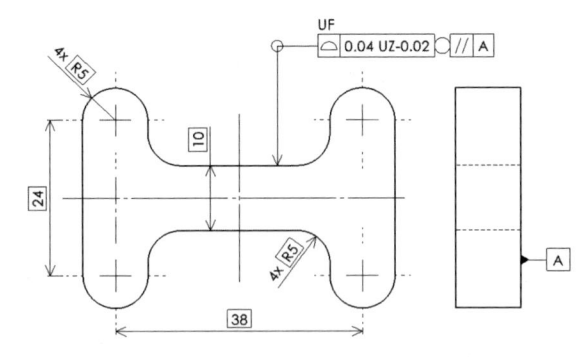

（a）　輪郭度（指定オフセット公差域）

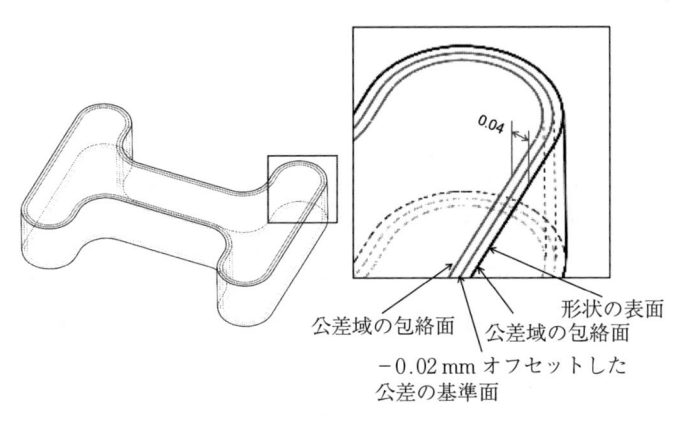

（b）　指定オフセット公差域

図7.18　部品2

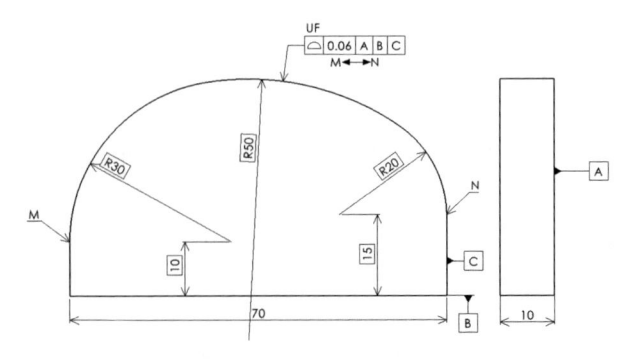

図7.19　データムを指示する輪郭度（位置公差）

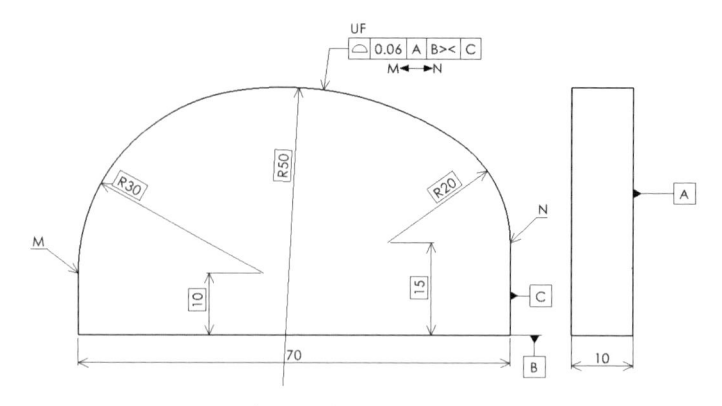

図7.20　姿勢限度指示の輪郭度（姿勢公差）

タムAを第1基準に，データムBとCからの位置が規制されている。しかし，図7.20の輪郭度はデータムBからの位置の規制が解除（姿勢限度指示，orientation only，記号は＞＜）され，データムBとの平行を維持して位置を上下に移動できるので姿勢公差を示している。

　図7.21 に姿勢公差と位置公差の複合輪郭度を示す。輪郭度の上段で位置公差（三平面データム系に対しては0.08 mmの公差域）を，下段で姿勢公差

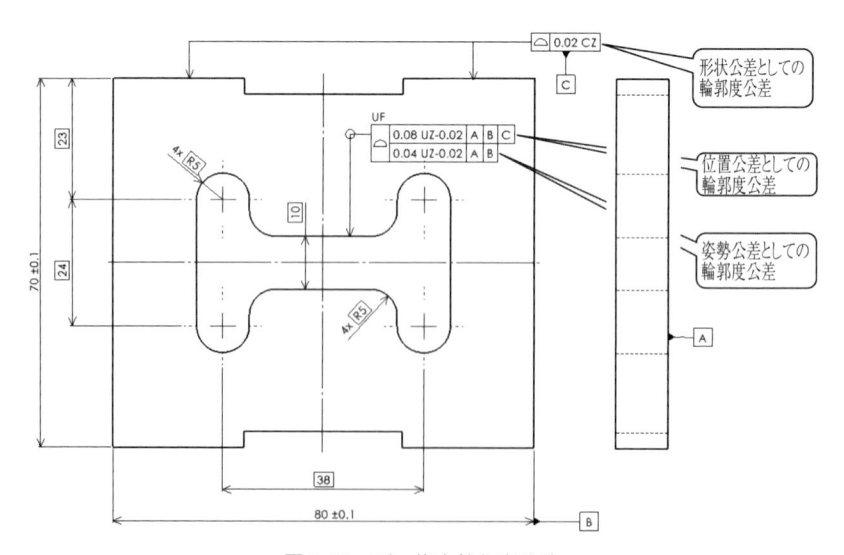

図7.21　面の複合輪郭度公差

（データムAとBに対し0.04 mmの公差域）を規制している。姿勢公差の輪郭度でデータムAとBに対する加工面の傾きやゆがみを輪郭度0.04 mm（形体の内側にオフセット0.02 mm）で規制し，それを維持して三平面データム系に対する位置の狂いも規制している。

図7.22に固定公差域と**オフセット公差域**（**OZ**：offset tolerance zone with unspecified offset）で規定する面の輪郭度を示す。この公差域を**図7.23**に示す。固定公差域は直径0.06 mmの球の中心がTEFの面上を移動するときに作成される二つの包絡面である。オフセット公差は固定公差域の中でTEFを任

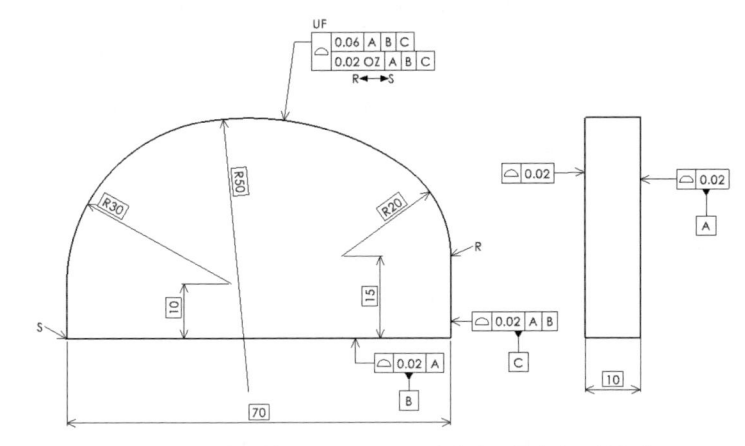

図7.22　固定公差域とオフセット公差域で規定する輪郭度

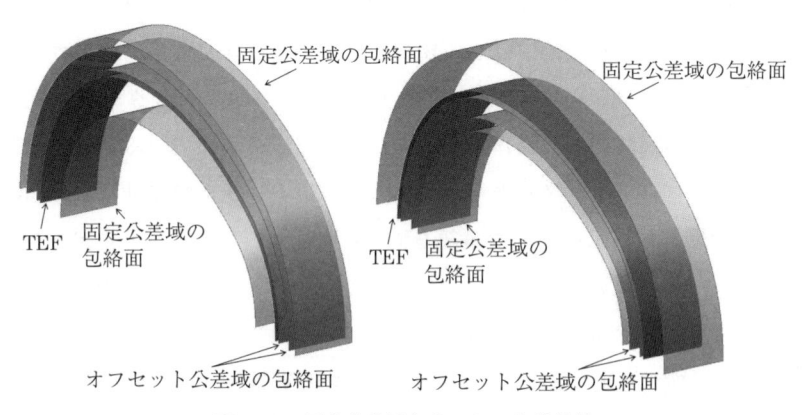

図7.23　固定公差域とオフセット公差域

意の位置にオフセットして直径 0.02 mm の球が作成する二つの包絡面である。図の左はオフセットを上側に，右は下側にした公差域の概念図である。

　3DCAD による設計が普及している現在では，理論的に正確な形体として 3DCAD データを受注者に支給している。モノづくりの企業の多くの品質管理部門で接触式三次元測定機と非接触式三次元測定機を導入している。このような技術的背景から，面の輪郭度を多用するようになってきた。

7.3　非接触式三次元測定による測定データの検証

　近年，プレス成形，射出成形，ダイカスト成形，金型などの製造部門には CCD カメラによる光学式の非接触式三次元測定機が急速に導入されている。非接触式三次元測定の理論には，ステレオ法，パターン法，モアレ法，フェーズシフト法，空間コード法などがある。

　ステレオ法では，2台の CCD カメラで撮影した画像データと，カメラの角度と距離から，三角測量で物体の表面の点の座標値を求めている。**パターン法**では，プロジェクターから測定物の表面に特定なパターンを投影し，表面に映し出されたパターンを CCD カメラで撮影し，その画像データと，プロジェクターとカメラの角度，距離から三角測量で物体の表面の点の座標値を求めている。**モアレ法**では，プロジェクターから物体の表面に縞模様のパターンを投影し，表面に映し出された縞模様を，縞状のパターンを介して等高線のカーブとして CCD カメラに取り込み，その画像データと，プロジェクターとカメラの角度・距離から三角測量で物体の表面の点の座標値を求めている。**フェーズシフト法**では，プロジェクターから縦縞模様を一定のピッチで移動しながら物体の表面に投影し，映し出された縦縞を CCD カメラで，逐次，画像データとして取り込み，複数枚の画像データと，プロジェクターと CCD カメラの角度・距離から三角測量で物体の表面の点の座標値を求めている。これらの方法は，それぞれに長所・短所がある。実用化されている非接触式三次元測定機では，それらの手法を組合わせて，測定精度と信頼性を高めている。**図 7.24** に測定

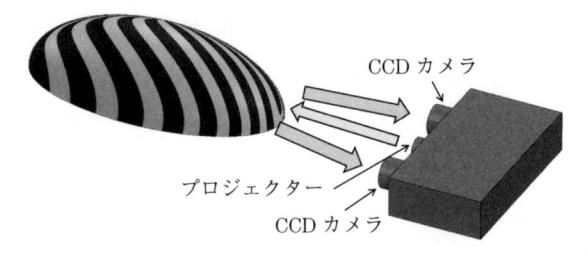

図7.24 非接触式三次元測定の原理（概要）

原理の概要を示す。

　図7.25 に輪郭度を評価するモデル（3DCAD データと図面）を示す。モデルの実物はワイヤカットで製作した。**図7.26** に接触式三次元測定機による曲面の輪郭測定を示す。測定プローブで輪郭曲面をスキャニングして測定した。そ

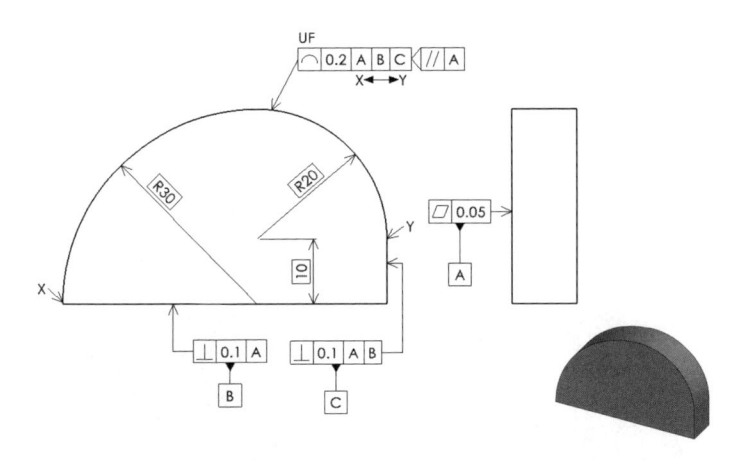

図7.25 評価用の CAD データと図面

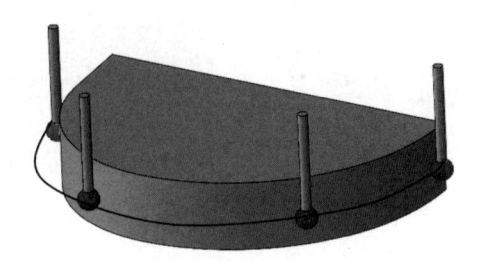

図7.26 接触式三次元測定による輪郭測定

の結果を**図7.27**に示す。測定点数は499，線の輪郭度は0.0534 mm である。

　図7.28に非接触式三次元測定による測定データを示す。非接触式三次元測定では，点群のデータとして形体の表面の座標値が得られる。図（a）の点が測定データである。図（b），図（c）は，この点群データを STL データで置き換えたものである。このデータを 3DCAD データで評価することになる。その結果を**図7.29**に示す。

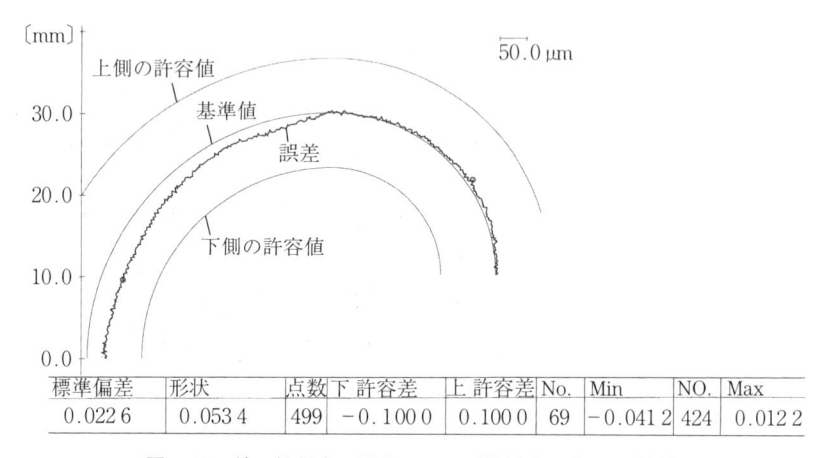

標準偏差	形状	点数	下 許容差	上 許容差	No.	Min	NO.	Max
0.022 6	0.053 4	499	− 0.100 0	0.100 0	69	− 0.041 2	424	0.012 2

図7.27　線の輪郭度　測定データ（接触式三次元測定機）

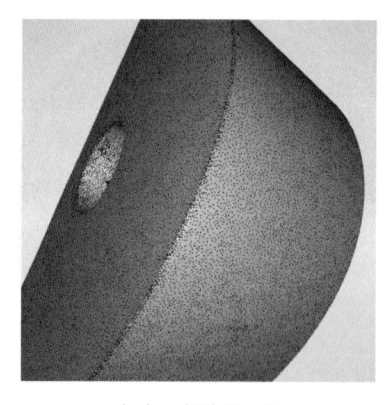

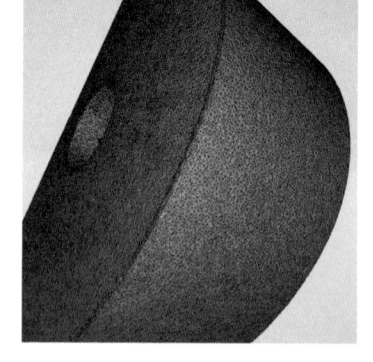

（a）　点群データ　　　　　　　　（b）　STL データ

図7.28　非接触式三次元測定による測定データ（続く）

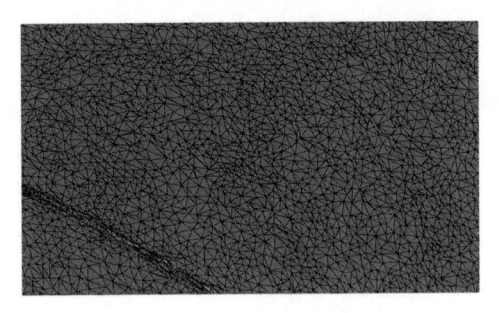

（ c ）　STL データの拡大図

図 7.28　（続き）

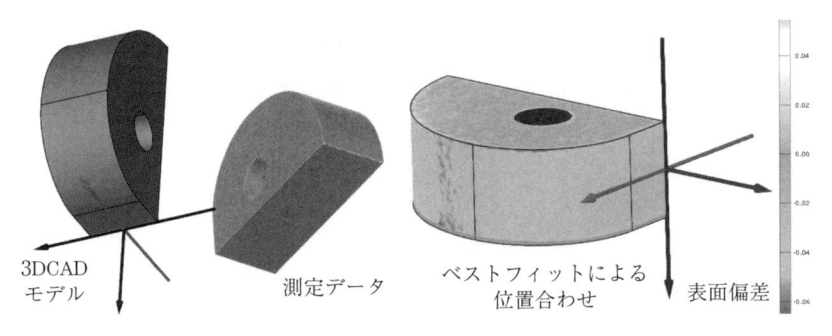

図 7.29　面の輪郭度の検証（非接触式三次元測定機）

7.4

輪郭度とその他の幾何公差との関係

　図 7.30 に輪郭度とその他の幾何公差との関係を示す。形状公差の円筒度は
その定義から真円度や真直度も規制している。同様に，平面度は真直度を規制
している。姿勢公差の直角度・平行度・傾斜度は，その定義から，対象形体が
面ならば平面度や真直度を，軸や穴ならば円筒度・真円度・真直度をそれぞれ
規制している。位置度公差は，その定義から，姿勢公差と形体公差の幾何公差
を規制している。さらに，位置度は同軸度・対称度の代替えもできる。輪郭度
は，その定義から，形体の形状公差・姿勢公差・位置公差を規制することがで
きる。輪郭度はこれまで，外殻形体を規制するものであった。2017 年の ISO

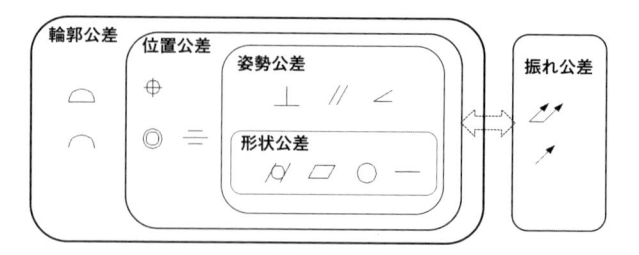

図7.30　輪郭度とその他の幾何公差との関係

規格の改定に伴い，誘導形体にも輪郭度を適用できるようになった。**図7.31**にその一例を示す。これは，パイプの中心線を輪郭度で規制するものである。

振れ公差は，回転による外殻形体の振れを規制する幾何公差なので，同軸度，円筒度，真円度，真直度などを含めた規制である。

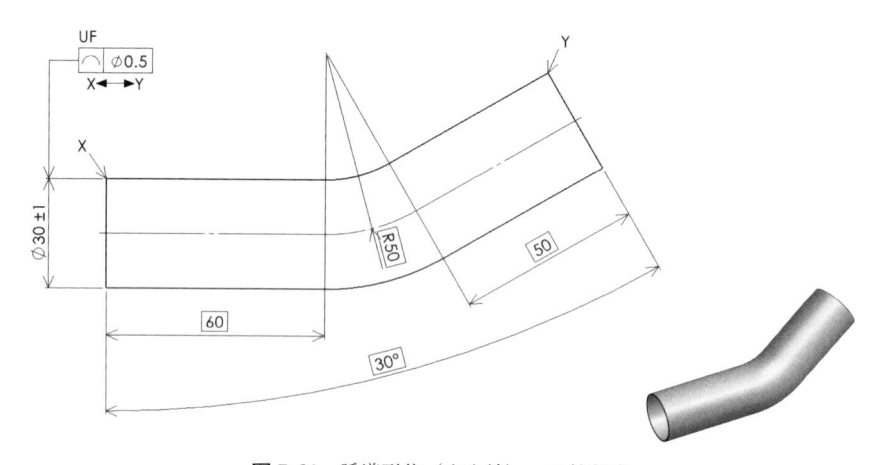

図7.31　誘導形体（中心線）への輪郭度

測定では3DCADモデルを理論的に正確な形体（TED，TEF）として評価プログラムに読み込み，3DCADモデルと測定の点群とを検証する方法が徐々に普及してきた。それに追従するように，図面でも輪郭度による形体の規制が徐々に増えている。よって，輪郭度について正しい理解とその評価が求められている。

第8章

3D 単独図と PMI

　3DCAD には部品ファイル，アセンブリファイル，図面ファイルがある。それらは相互に関連している。ここでは，図面ファイルに記入する製造情報を 3D モデルに定義する，3D 単独図について学習する。

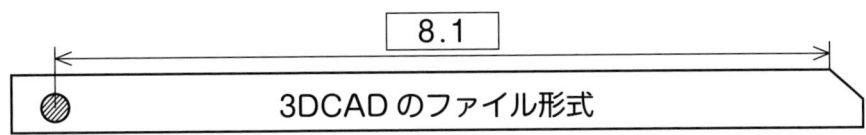

8.1 3DCAD のファイル形式

　2000 年以降，機械設計の CAD は 2DCAD からソリッドモデルの 3DCAD に急速に移行している。3DCAD による部品のモデリングでは**フィーチャベースモデリング**[†]（feature-based modeling）と呼ばれる手法が主流である。この方法の特徴は，**フィーチャ**（作成した形状）の履歴と図形のパラメトリックな表現にある。部品ファイルにはフィーチャの履歴が保存してあるので，この履歴を操作して，設計変更による部品形状の修正を効率よく実行することができる。

　一方，多くの部品を組み合わせるアセンブリでは，部品相互の位置・接触・同軸・同心・正接などの合致，歯車やカムなどの機械的な合致を定義して，機械全体の構成を作り上げる。アセンブリファイルには，部品への参照（リンク）情報と部品間の合致情報が保存してある。

　モノづくりで必要な製造情報は図面ファイルに定義する。図面ファイルでは，部品ファイルのモデルを三面図（正面図，平面図，右側面図）で表示し，

[†]　望月達也：CAD ／ CAM（機械系教科書シリーズ 28），pp.19 〜 27，コロナ社（2021）を参照。

そこに，データム，サイズ，サイズ公差，幾何公差，表面性状，断面図などを機械製図規則に従って記入する。

　このように，3DCAD には形式の異なる三つのファイルがあり，それらが相互に連携しているので，設計データを管理するために **PDM**（product data management）を導入している企業もある。

　CNC 工作機械による加工，三次元測定機（接触式・非接触式）による測定では形状モデルが必要なので，金型や機械部品を受注する企業に，部品ファイルと図面ファイルの両方が発注先から支給されている。形状は部品ファイルが，加工や測定の情報は図面ファイルが正式なものになる。実務では，ファイル形式が異なる二つの正式なファイルで受注・発注が行われている。

　正式なファイルが二つあると，設計データに修正や訂正があった場合，同時に二つのファイルを正確に更新し，それを速やかに発注者から受注者に伝える必要がある。しかし，形式の異なる二つのファイルの存在は，企業間の情報伝達においてミスの原因になる。そこで，JAMA／JAPIA（日本自動車工業会／日本自動車部品工業会），JEITA（電子情報技術産業協会）の業界団体では，製造情報を部品ファイルの形状モデルに定義し，形状と製造情報を一体とする 3D 単独図の推進を図っている。

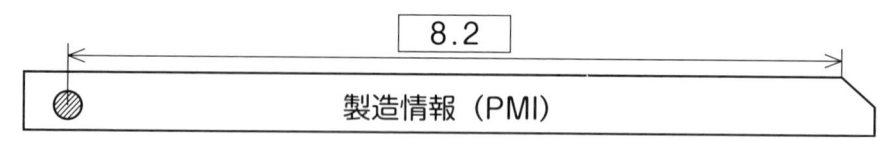

8.2　製造情報（PMI）

　図 8.1 に部品ファイルのフィーチャ履歴を示す。平板に三つの穴がある部品を二つのフィーチャ（押し出し，押し出しカット）で定義している。フィーチャによるモデリングでは，プロファイルと呼ばれる 2 次元の図形を数学的に正しく描けば，ソリッドモデルを正確に生成できる。

　しかし，2 次元の図形に示す寸法だけではモノづくりはできない。図面ファイルに指示する製造情報（**PMI**：product manufacturing information）を，この部品モデルに定義した事例を**図 8.2** と**図 8.3** にそれぞれ示す。

　図 8.2 は三つの平面をデータムとする定義，図 8.3 は一つの平面と二つの穴

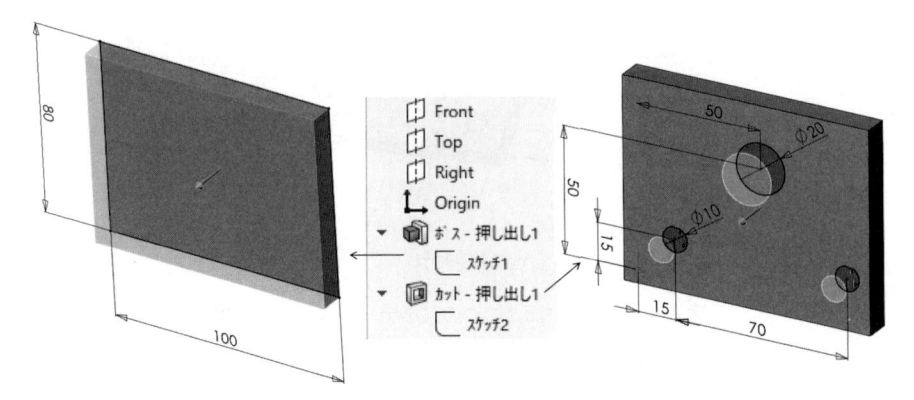

図8.1 部品ファイルのフィーチャ履歴

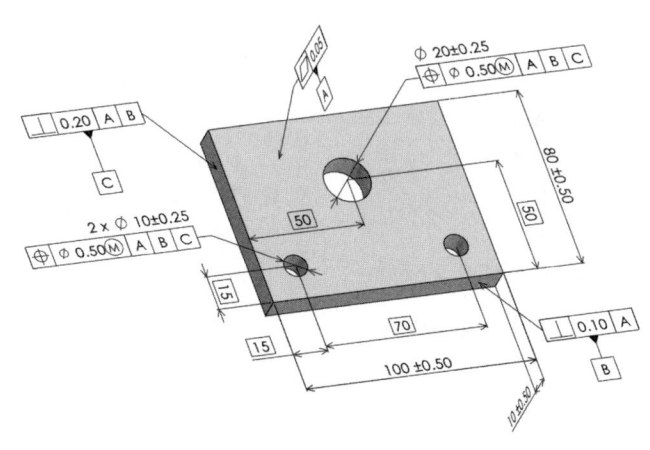

図8.2 三つの平面をデータムとする定義

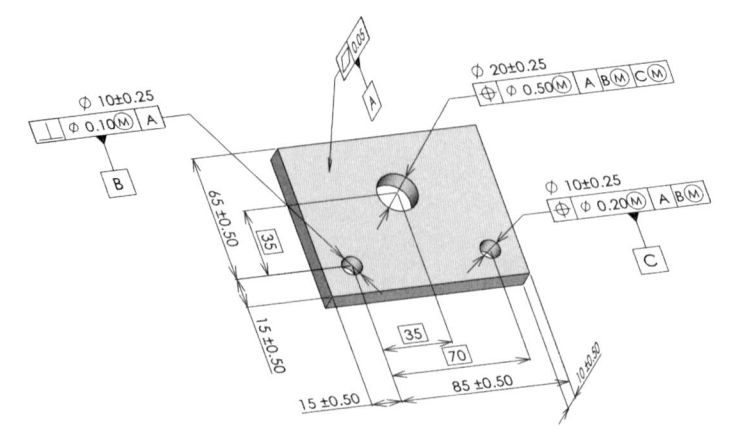

図8.3　一つの平面と二つの穴をデータムとする定義

▼ 📘 平面1
　　🅰 データム40@平面1(A)
　　▱ 平面度1@平面1
▼ 📘 平面2
　　🅰 データム41@平面2(B)
　　⊥ 直角度1@平面2
▼ 📘 平面3
　　🅰 データム42@平面3(C)
　　⊥ 直角度2@平面3
▼ 👝 穴のパターン1
　　📕 単一穴1
　　📕 単一穴2
　　🖉 直径1@穴のパターン1(10)
　　⊕ 位置1@穴のパターン1
▼ 📘 平面4
　　🖉 距離間隔1@平面4(10)
▼ 📘 平面5
　　🖉 距離間隔2@平面5(80)
▼ 📘 平面6
　　🖉 距離間隔3@平面6(100)
▼ 📕 単一穴3
　　🖉 直径2@単一穴3(20)
　　⊕ 位置2@単一穴3

（ａ）三つの平面

▼ 📘 平面7
　　🅰 データム61@平面7(A)
　　▱ 平面度2@平面7
▼ 📕 単一穴4
　　🅰 データム62@単一穴4(B)
　　🖉 直径3@単一穴4(10)
　　⊥ 直角度3@単一穴4
▼ 📕 単一穴5
　　🅰 データム63@単一穴5(C)
　　🖉 直径4@単一穴5(10)
　　⊕ 位置3@単一穴5
▼ 📘 平面8
　　🖉 距離間隔4@平面8(10)
▼ 📘 平面10
　　🖉 距離間隔5@平面10(65)
▼ 📘 平面11
　　🖉 距離間隔6@平面11(85)
▼ 📘 平面12
　　🖉 距離間隔7@平面12(15)
▼ 📘 平面13
　　🖉 距離間隔8@平面13(15)
▼ 📕 単一穴8
　　🖉 直径5@単一穴8(20)
　　⊕ 位置4@単一穴8

（ｂ）一つの平面と二つの穴

図8.4　PMI

をデータムとする定義である。この PMI は形体を構成する面（平面，穴，穴パターンなど）に保存してある。**図8.4（a）**は三つの平面をデータムとする PMI，図（b）は一つの平面と二つの穴をデータムとする PMI である。このように，形状が同じでも PMI の定義は異なる。

図8.5 に回転体のフィーチャとプロファイルの図形を示す。回転体は，中心線から片側の断面（プロファイル）を描き，それを 360°回転させて形状（フィーチャ）を生成する。**図8.6** に示す PMI は，回転体の両端の軸をそれぞれデータムに，その共通する軸直線で部品を回転するとき，直径 40 mm の円筒表面は全振れで，長さ方向は TED と位置度でそれぞれ規制している。この PMI は，**図8.7** に示す三つの円筒（図中のボス）と四つの円形の面（図の平面 1 ～ 4）に保存してある。

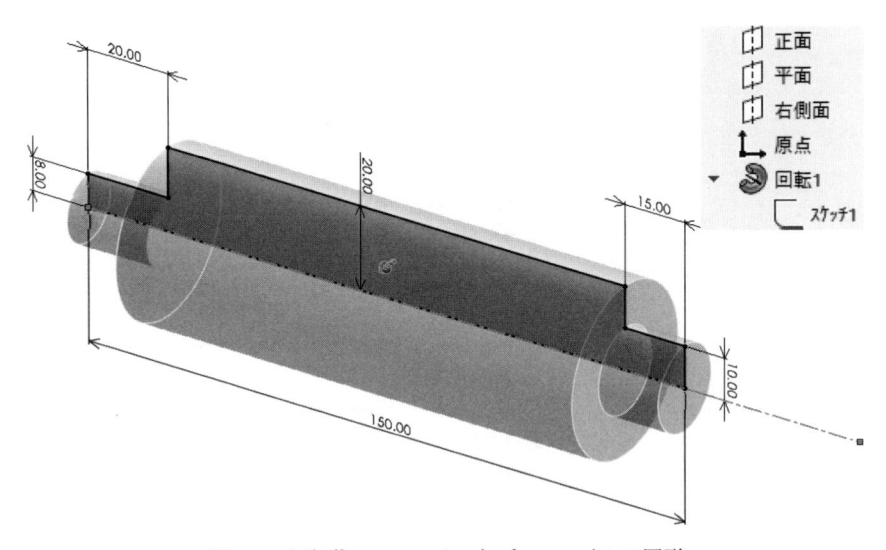

図8.5 回転体のフィーチャとプロファイルの図形

PMI を利用すると CNC プログラムを自動作成することができる。サイズ公差から CAD モデルの寸法を公差の中間値の寸法に自動的に変更したり，幾何公差の公差から加工工程を自動的に選択することもできる。また，モデルの形状や PMI の公差設定を変更した場合も，定義したルールに基づいて加工条件

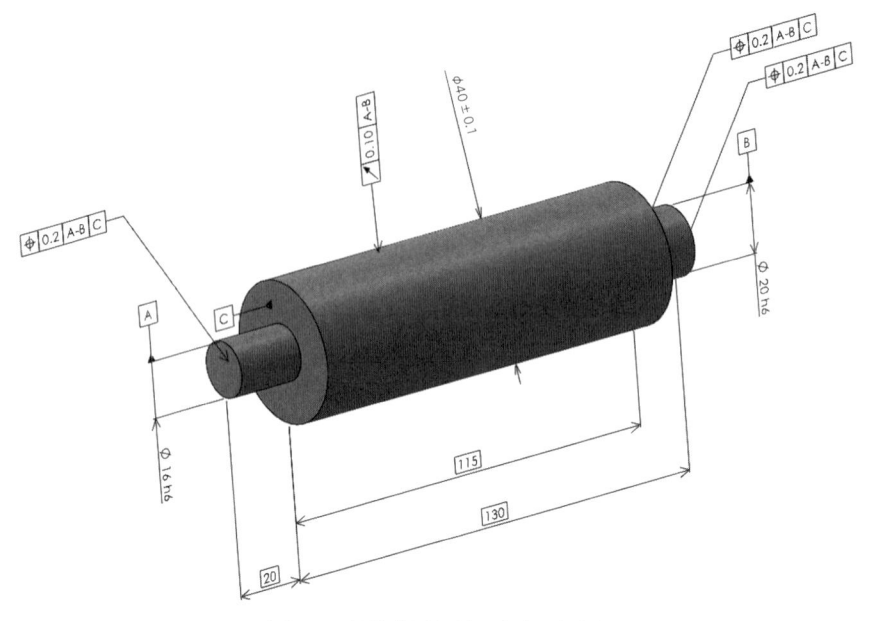

図 8.6　円筒表面と長さ方向の規制

- ▼　⬇ ボス8
  - 🅰 データム32@ボス8(A)
  - ✏ 直径4@ボス8(16)
- ▼　⬇ ボス9
  - ↗ 円周振れ3@ボス9
  - ✏ 直径1@ボス9(40)
- ▼　⬇ ボス10(-)
  - ✏ 直径6@ボス10(20)
  - 🅰 データム57@ボス10(B)
- ▼　▯ 平面1
  - ✏ 距離間隔4@平面1(20)
  - ⊕ 位置1@平面1
- ▼　▯ 平面2
  - 🅰 データム46@平面2(C)
- ▼　▯ 平面3
  - ✏ 距離間隔6@平面3(130)
  - ⊕ 位置3@平面3
- ▼　▯ 平面4
  - ✏ 距離間隔5@平面4(115)
  - ⊕ 位置2@平面4

図 8.7　回転体の PMI

や工具経路が変更されるので，機械加工に必要な CNC プログラムを作成する時間が短縮できる。また，PMI から品質検査のバルーン付き図面やチェックリストなどのドキュメントも自動作成することができる。

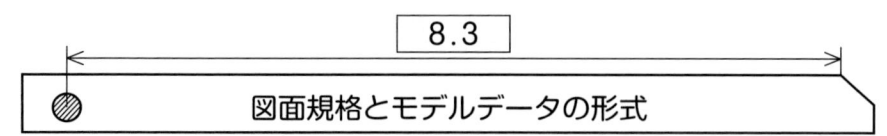

8.3 図面規格とモデルデータの形式

　製図規則として，JIS には，機械製図（B 0001），幾何公差のためのデータム（B 0022），製図−幾何公差表示方式−最大実体公差方式及び最小実体公差方式（B 0023），製品の幾何特性仕様（GPS）−基本原則− GPS 指示に関わる概念，原則及び規則（B 0024），製図−幾何公差表示方式−位置度公差方式（B 0025），製図−寸法及び公差の表示方式−非剛体部品（B0026），製図−姿勢及び位置の公差表示方式−突出公差域（B 0029），普通公差−第 1 部：個々に公差の指示がない長さ寸法及び角度寸法に対する公差（B0405），普通公差−第 2 部：個々に公差の指示がない形体に対する幾何公差（B0419），製品の幾何特性仕様（GPS）−寸法の公差表示方式−第 1 部：長さに関わるサイズ（B0420-1），製品の幾何特性仕様（GPS）−寸法の公差表示方式−第 2 部：長さ又は角度に関わるサイズ以外の寸法（B0420-2），幾何偏差の定義及び表示（B0621），製図−寸法及び公差の記入方法−第 1 部　一般原則（Z8317-1）などの図面に関する規格がる。ISO128，ISO1101，ASME Y14.5，Y14.7 なども図面に関する規格である。

　これらの図面に関する規格を 3D ビューアーで表示する規格として，technical product documentation−digital product definition data practices（ISO 16792），digital product definition data practices（ASME Y14.41），デジタル製品技術文書情報−第 1 部：総則（JIS B 0060-1）がある。これらの規格に準拠して PMI を 3D モデルに表示する形式が開発されている。STEP AP242（ISO 10303-242），JT（ISO 14306），QIF（ISO 23952），3Dpdf（ISO 24517,ISO14739）は国際標準の形式である。3DCAD で定義する PMI をこれらの形式で保存すると，3D ビューアーで 3D 単独図を閲覧することができる。

演 習 問 題

【1】 **問図1**は，ベースの上面をデータム A に，貫通穴（直径 50 mm）の軸直線を姿勢公差の直角度で規制するものである。直径のサイズ公差は H7（0〜+0.025 mm）である。問図（a）は直角度の公差域に MMR を適用しない場

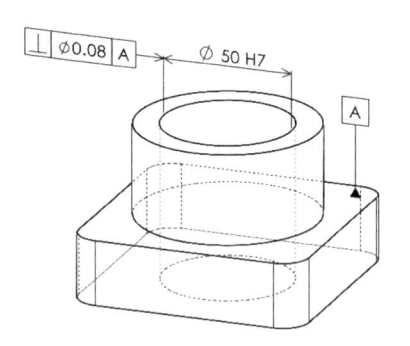

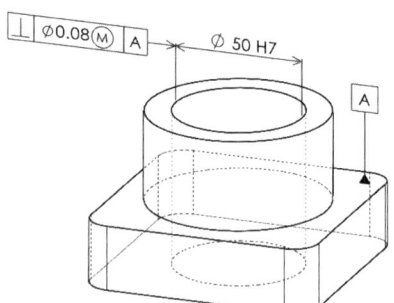

（a） 公差に MMR を適用しない場合 （b） 公差に MMR を適用する場合

問図1

解答欄

（a） 公差に MMR を適用しない場合 （b） 公差に MMR を適用する場合

直径〔mm〕	直角度〔mm〕
50.000	
50.005	
50.010	
50.015	
50.020	
50.025	

直径〔mm〕	直角度〔mm〕
50.000	
50.005	
50.010	
50.015	
50.020	
50.025	

合，問図（b）は直角度の公差域に MMR を適用する場合である。解答欄に公差域の値をそれぞれ記入せよ。

【2】　**問図 2** は，ベースの上面をデータム A に，直径 50 mm の円柱の軸直線を姿勢公差の直角度で規制するものである。直径のサイズ公差は h7（−0.025〜0 mm）である。問図（a）は直角度の公差域に MMR を適用しない場合，問図（b）は直角度の公差域に MMR を適用する場合である。解答欄に公差域の値をそれぞれ記入せよ。

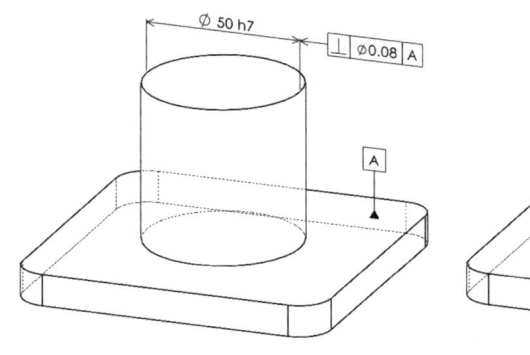
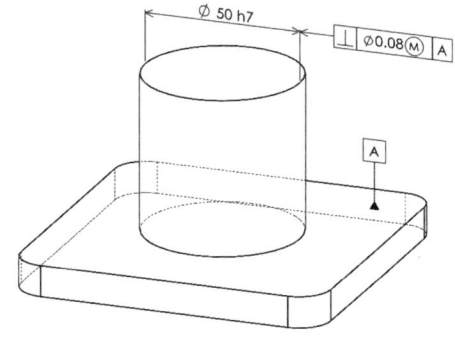

（a）　公差に MMR を適用しない場合　　　　（b）　公差に MMR を適用する場合

問図 2

解答欄

（a）　公差に MMR を適用しない場合　　　（b）　公差に MMR を適用する場合

直径〔mm〕	直角度〔mm〕
50.000	
49.995	
49.990	
49.985	
49.980	
49.975	

直径〔mm〕	直角度〔mm〕
50.000	
49.995	
49.990	
49.985	
49.980	
49.975	

【3】　**問図3**は，二つの貫通穴がある機械部品である。左の貫通穴（直径60 mm）の軸直線をデータム A に，右の貫通穴（直径35 mm）の軸直線を姿勢公差の平行度で規制するものである。問図（a）は平行度の公差域に MMR を適用しない場合，問図（b）は平行度の公差域に MMR を適用する場合，問図（c）は平行度の公差域とデータムの両方に MMR を適用する場合である。浮動の有無を含め，解答欄に公差域をそれぞれ記入せよ。

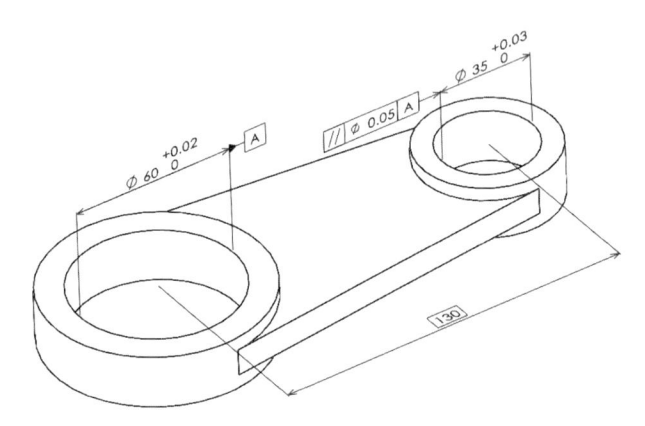

（a）　公差に MMR を適用しない場合

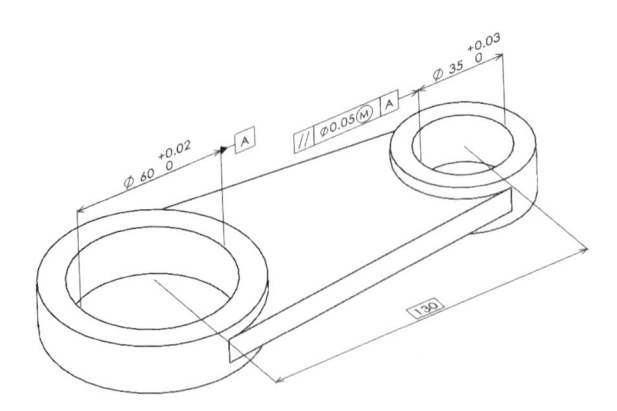

（b）　公差に MMR を適用する場合

問図3（続く）

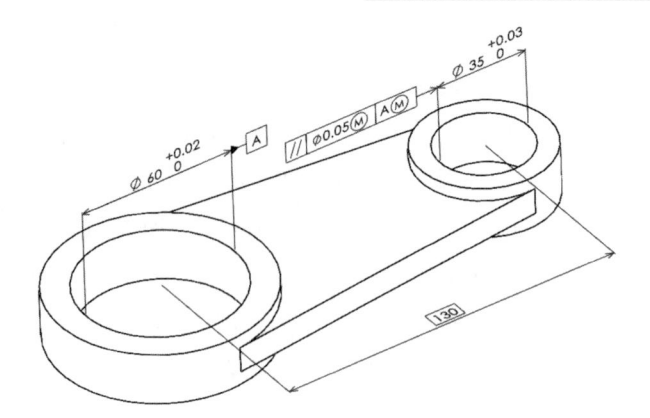

（c） 公差とデータムの両方に MMR を適用する場合

問図 3（続き）

解答欄

（a） 公差に MMR を適用しない場合

直径〔mm〕	平行度〔mm〕
35.00	
35.01	
35.02	
35.03	

（b） 公差に MMR を適用する場合

直径〔mm〕	平行度〔mm〕
35.00	
35.01	
35.02	
35.03	

（c） 公差とデータムの両方に MMR を適用する場合

公差付き穴 （直径〔mm〕）	データム A（直径〔mm〕）（浮動の有無）		
	60.00	60.01	60.02
35.00			
35.01			
35.02			
35.03			

【4】

（1）　**問図4**は，直径の異なる二つの円柱で構成する段付き軸である。直径25 mmの円柱の軸直線をデータムAに，直径15 mmの円柱の軸直線を位置度で規制するものである。問図（a）は位置度の公差にMMRを適用しない場合，問図（b）は位置度の公差にMMRを適用する場合，問図（c）は位置度の公差とデータムの両方にMMRを適用する場合である。解答欄1に公差域をそれぞれ記入せよ。問図（c）の場合，データムの浮動の有無も記入せよ。さらに，位置度の公差を検証する機能ゲージも考えよ。

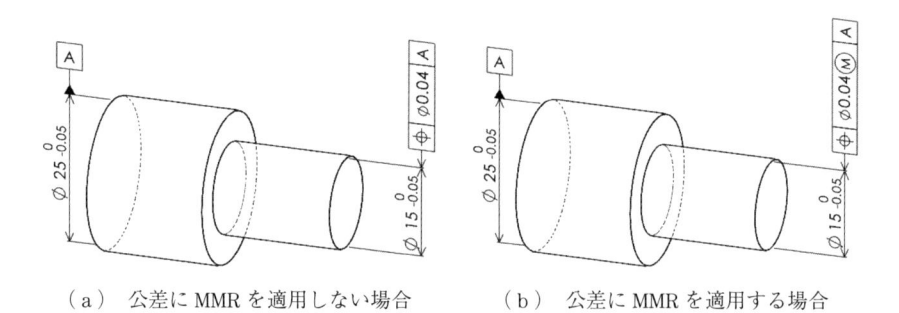

（a）　公差にMMRを適用しない場合　　　（b）　公差にMMRを適用する場合

（c）　公差とデータムの両方にMMRを適用する場合

問図4

解答欄 1

（a）　公差に MMR を適用しない場合

直径〔mm〕	位置度〔mm〕
15.00	
14.99	
14.98	
14.97	
14.96	
14.95	

（b）　公差に MMR を適用する場合

直径〔mm〕	位置度〔mm〕
15.00	
14.99	
14.98	
14.97	
14.96	
14.95	

（c）　公差とデータムの両方に MMR を適用する場合（浮動の有無も記入）

公差付き軸 （直径〔mm〕）	データム A（直径〔mm〕）（浮動の有無）					
	25.00	24.99	24.98	24.97	24.96	24.95
15.00						
14.99						
14.98						
14.97						
14.96						
14.95						

（2）　問図（c）の場合，公差付き軸とデータム A との軸間距離は，最大どこまで許容できるか（許容できる最大軸間距離：maximum allowable distance between axis of datum feature and axis of considered feature），解答欄 2 の表に数値を記入せよ。

解答欄 2

許容できる最大軸間距離

公差付き軸 （直径〔mm〕）	データム A（直径〔mm〕）					
	25.00	24.99	24.98	24.97	24.96	24.95
15.00						
14.99						
14.98						
14.97						
14.96						
14.95						

【5】　**問図5**は，格子間隔 30 mm の四つの頂点に直径 10 mm のボスを位置度で規制するものである。解答欄に公差域と MMVS の値を記入せよ。さらに，この部品を検証する機能ゲージを考えよ。

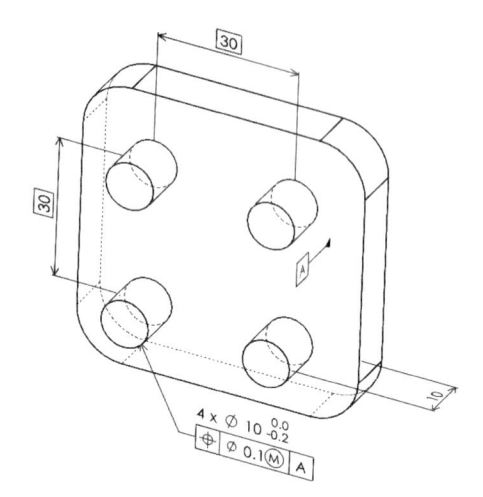

解答欄

直径〔mm〕	位置度〔mm〕	MMVS〔mm〕
10.0		
9.9		
9.8		

問図5　機能ゲージ

【6】　**問図6**に二つの貫通穴と二つのボスがある部品モデルを示す。モデルに表示されたデータム，TED，直径，サイズ公差，幾何公差を読解して，二つの

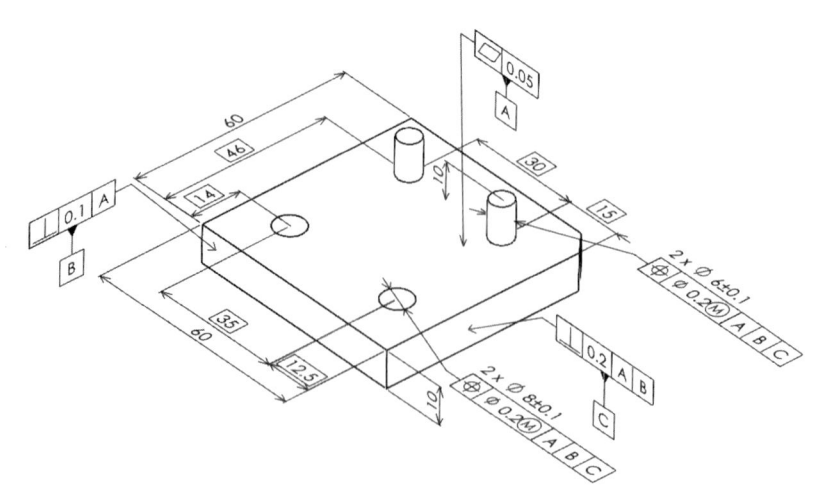

問図6　部品モデル

貫通穴と二つのボスの幾何公差を検査する機能ゲージを設計せよ。

【7】

（1）　**問図7**に示す段付きシャフトに位置度の幾何公差を解答用紙に記入せよ。

ただし，シャフトの太い径は直径40 mm，サイズ公差−0.2〜0.0 mm，長さ30 mmである。また，細い径は直径20 mm，サイズ公差−0.1〜0.0 mm，長さ40 mmである。なお，データムは細い径の軸直線である。細い径の軸直線に対する太い径の軸直線の位置度は，両者にMMRを適用するとき直径で0.05 mmである。

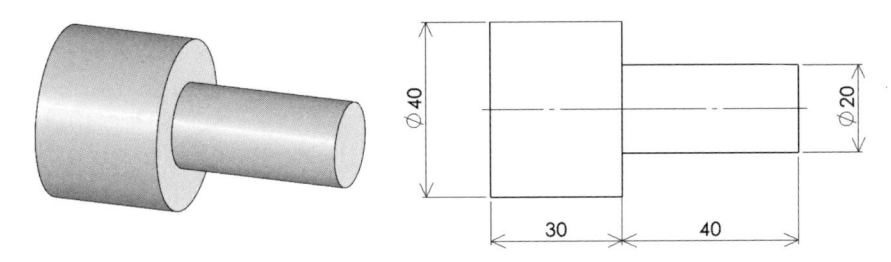

問図7　段付きシャフト

解答用紙

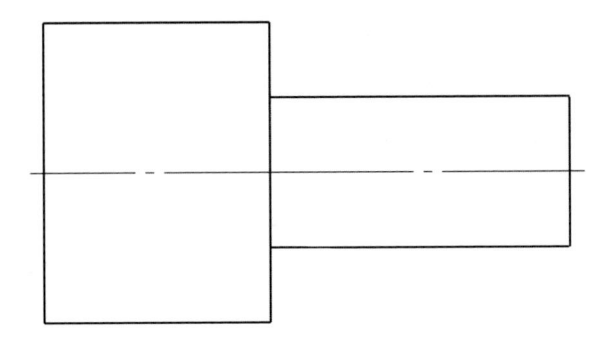

（2）　太い径，細い径，いずれもサイズ公差の中間値で加工するとき，位置度の公差域を求めよ。また，このとき許容できる最大軸間距離も求めよ。

（3）　位置度を検査する機能ゲージを設計せよ。

【8】

（1）　**問図8**に示すT字のジグの貫通穴に適切な幾何公差を記入せよ。貫通穴の直径16 mm，サイズ公差0.0 mm～＋0.05 mm，データムは幅30 mmの中間平面，幅30 mmのサイズ公差±0.05 mm，貫通穴はデータムと貫通穴の両方がMMSのとき，水平方向の公差域0.05 mmである。

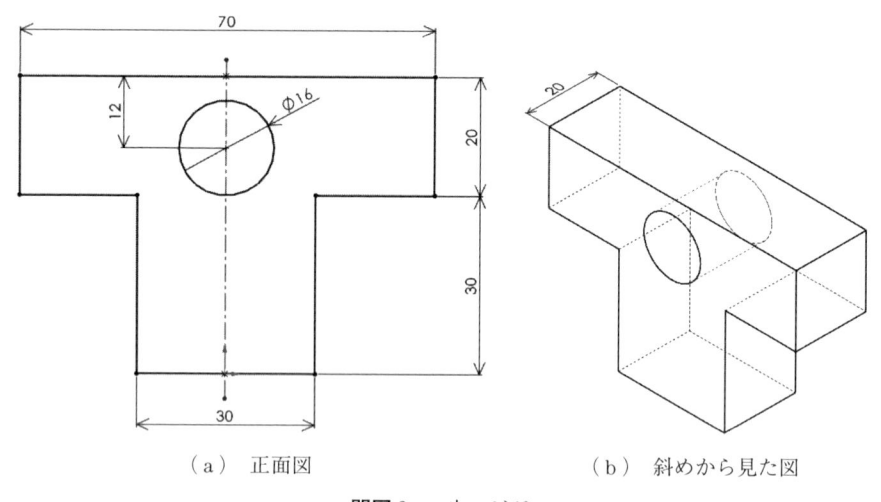

（a）　正面図　　　　　　　（b）　斜めから見た図

問図8　T字のジグ

（2）　データムと貫通穴をサイズ公差の中間値で加工するとき，（1）で解答した幾何公差の公差域を求めよ。

（3）　（1）で解答した幾何公差を検査する機能ゲージを設計せよ。

【9】　**問図9**の回転部品の全断面図を解答用紙（次ページ）に示す。以下の指示にしたがって，サイズ公差，幾何公差を解答用紙に記入せよ。

1. $\phi 16$：　サイズ公差 H6　貫通穴の軸直線がデータム A
2. $\phi 32$：　サイズ公差 h7　円筒側面に全振れ　公差域 0.02 mm
3. $\phi 30$：　サイズ公差 $0 \sim +0.04$ mm　データム A に対する位置度　公差域 $\phi 0.02$ mm
4. フランジの端面：　データム A に対する軸方向の円周振れ　公差域 0.02 mm

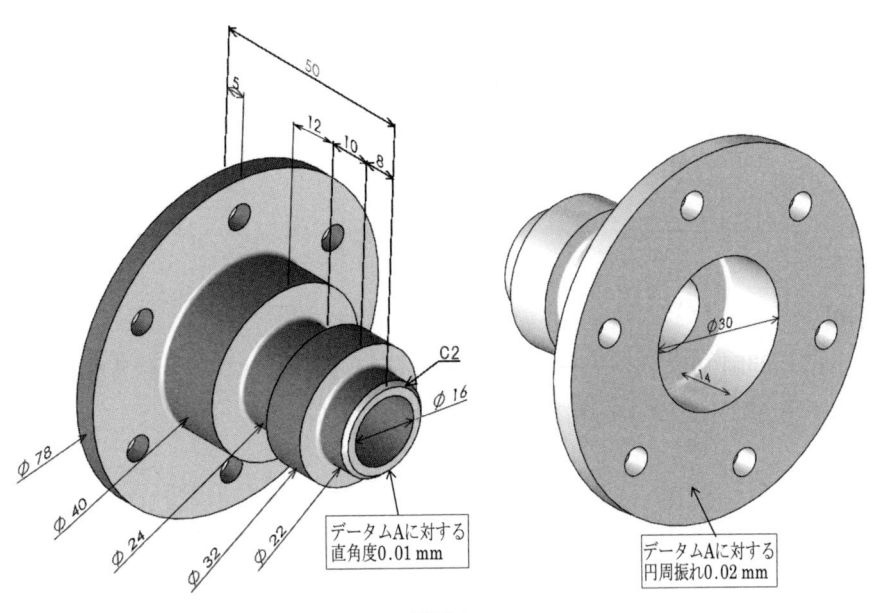

問図9

解答用紙

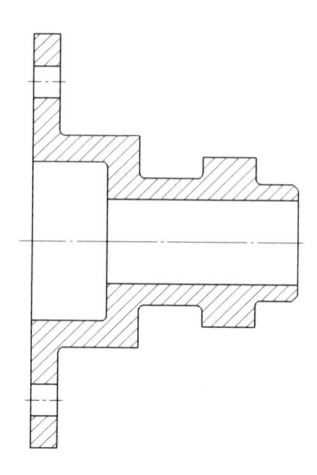

【10】

（1） **問図10**に穴パターン（hole patterns）のあるプレート部品を示す。
以下の指示にしたがって解答用紙にデータムと幾何公差を記入せよ。

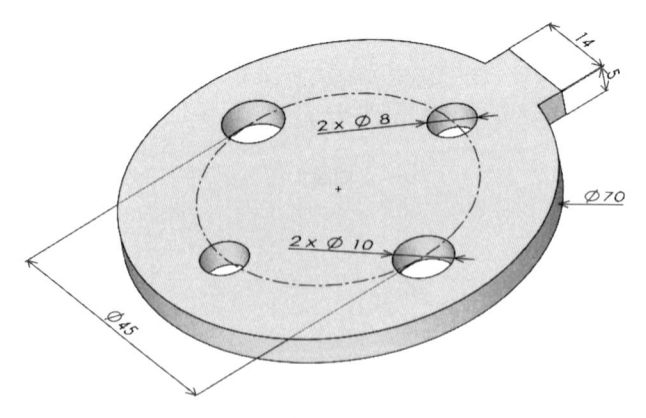

問図10

　　プレートの底面を平面度 0.05 mm で規制し，データム A とする。$\phi 70$（サイズ公差 − 0.1 ～ 0.0 mm）の軸直線をデータム B とする。14 mm（サイズ公差 − 0.1 ～ 0.0 mm）の突起の中間平面をデータム C とする。二組の二つの貫通穴（直径 8 mm（サイズ公差 0.00 ～ + 0.15 mm）と 10 mm（サイズ公差 0.00 ～ + 0.15 mm））は直径 45 mm の円周上にあり，それぞれ穴パターンである。それぞれの位置度は，データム B とデータム C に MMR を適用し，公差域 $\phi 0.2$（直径 8 mm）と $\phi 0.25$（直径 10 mm）にも MMR を適用する。

解答用紙

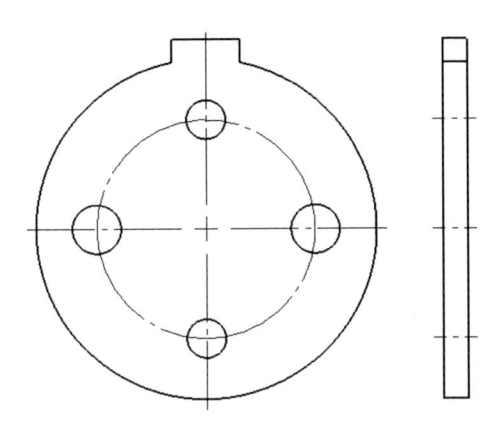

　（2）　上記で規定した位置度を検証するための機能ゲージを設計せよ。

【11】　問図 11 に示す機械部品について，以下に示す幾何公差を解答用紙（次ページ）に記入せよ。

1．$\phi 40$ の軸直線がデータム A である。軸直線の真直度は公差域 $\phi 0.01$ である。サイズ公差は h6 である。

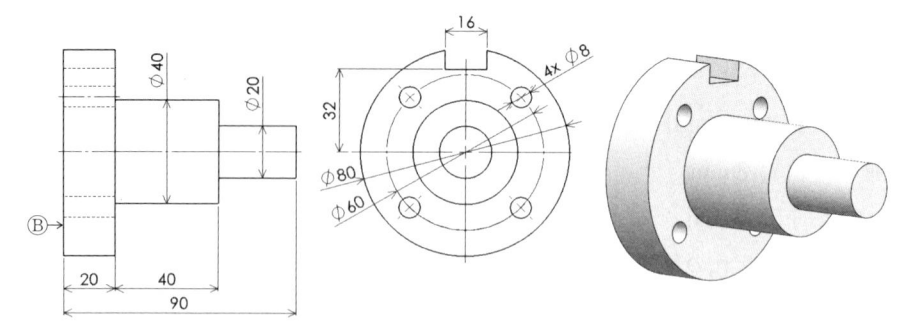

問図 11

2. $\phi 80$ のフランジの左端面（正面図の⑧）がデータム B である。データム B のデータム A に対する直角度は公差域 $0.03\,\mathrm{mm}$ である。

3. $16\,\mathrm{mm}$ の切欠きの中間平面がデータム C である。サイズ公差は $0.0 \sim +0.1$ である。

4. $\phi 20$ の軸直線のデータム A に対する同軸度は公差域 $\phi 0.015$ である。サイズ公差は h7 である。

5. $\phi 80$ のフランジにある四つの貫通穴は穴パターンである。直径 $60\,\mathrm{mm}$ の円周上に 45 度刻みに配置してある。サイズ公差は $0.0 \sim +0.1$，位置度は公差域 $\phi 0.05$ である。

解答用紙

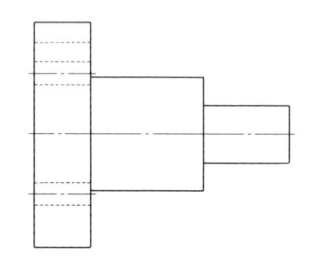 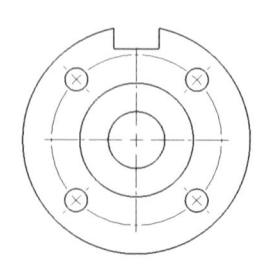

【12】　**問図 12** に，三つの穴パターンを複合位置度公差方式でそれぞれ規制するプレートを示す。このプレートを検査する機能ゲージを設計せよ。

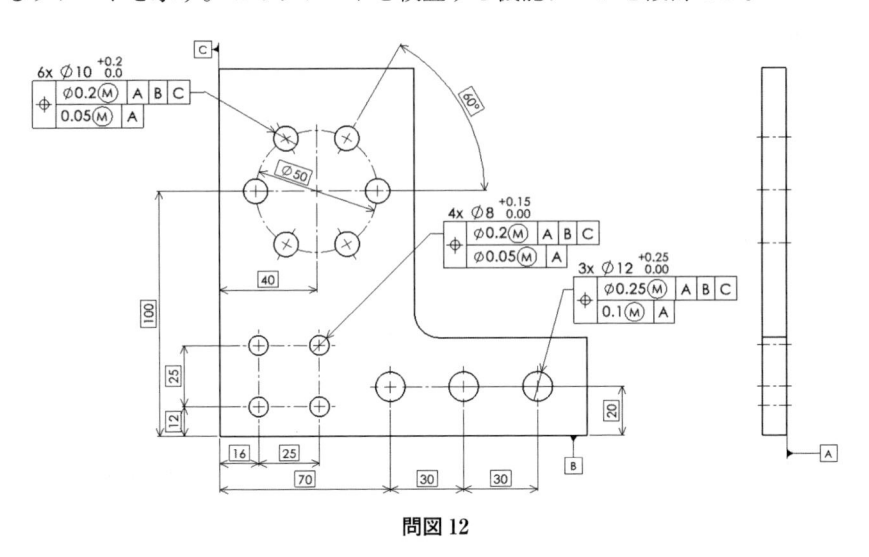

問図 12

【13】　**問図 13** に示す指示に従い，次ページの解答用紙の段付き軸にデータムと幾何公差を記入せよ。

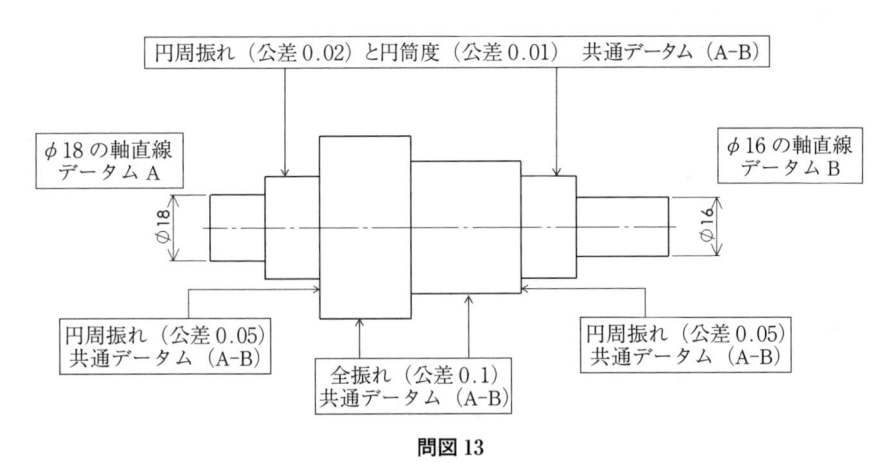

問図 13

解答用紙

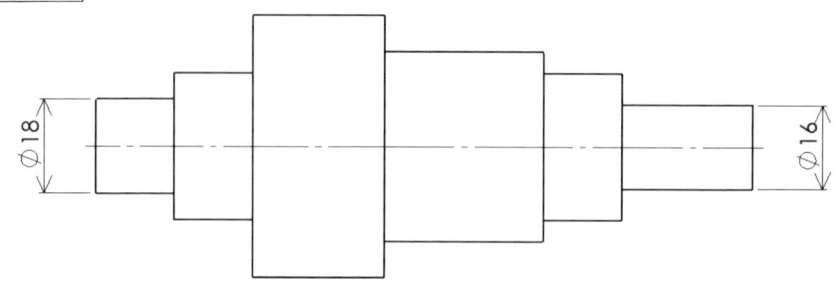

【14】　**問図 14** に機械部品を示す。以下の指示にしたがって解答用紙（次ページ）に必要事項を記入せよ。

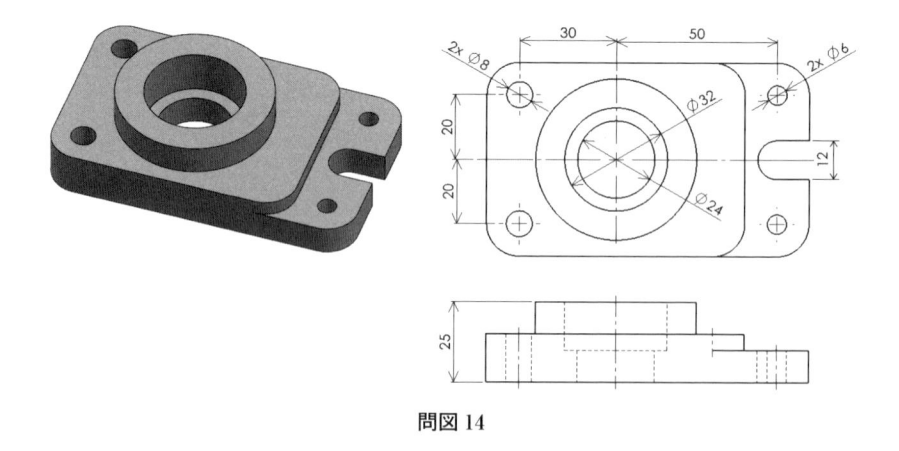

問図 14

1. 底面を平面度（公差域 0.05 mm）で規制し，データム A とする。
2. $\phi 24$（サイズ公差 0.0 〜 +0.1 mm）の軸直線をデータム A に対する直角度（公差域 $\phi 0.1$）で規制し，データム B とする。
3. 12 mm（サイズ公差 0.0 〜 +0.1 mm）の切欠きの中間平面をデータム C とする。

4. 上面（下面から 25 mm）を位置度（公差 0.2 mm）で規制する。

5. φ32（サイズ公差 0.0 ～ +0.1 mm）の軸直線をデータム B に対する同軸度
   （公差域 φ0.2）で規制する。

6. 二つの貫通穴 φ6（サイズ公差 0.0 ～ +0.1 mm）を位置度（公差域 φ0.2）
   で規制する。

7. 二つの貫通穴 φ8（サイズ公差 0.0 ～ +0.1 mm）を位置度（公差域 φ0.2）
   で規制する。

解答用紙

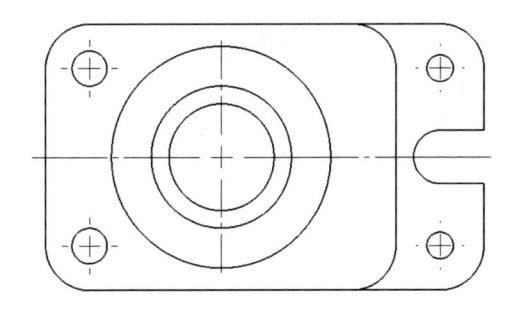

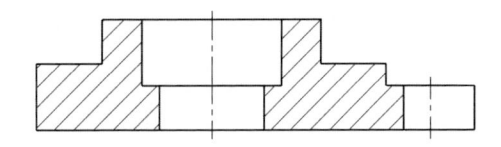

【15】　問図 15 に金型の入れ駒を示す。この形体は，R15，R30，R20 の円弧が連続している。以下の問いに対する輪郭度を解答用紙（次ページ）に記入せよ。

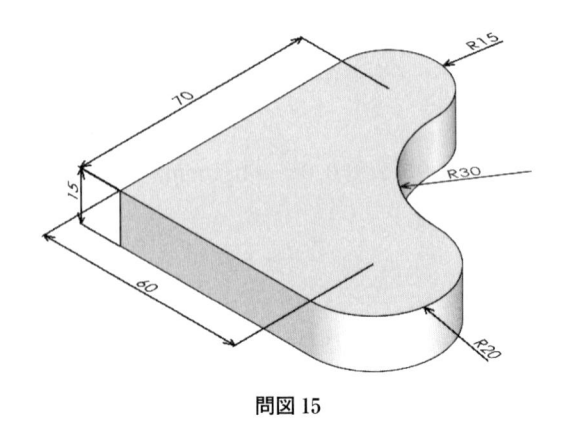

問図 15

（**1**）　形状公差を規制する線の輪郭度を R30 に記入せよ。公差域 0.1 mm，データム A に平行であること。

（**2**）　R15，R30，R20 を UF として，形状公差を規制する線の輪郭度を区間指示も付けて記入せよ。区間はデータム B と R20 の接点〜データム C と R15 の接点，公差域 0.1 mm，データム A に平行であること。

（**3**）　（2）と同じ条件で，位置公差を規制する線の輪郭度を記入せよ。

（**4**）　R15，R30，R20 を UF として，位置公差を規制する面の輪郭度を区間指示も付けて記入せよ。区間は（2）と同じである。公差域 0.2 mm。

（**5**）　面の輪郭度を用いて，データム A に平行な平面上に全周の輪郭が存在し，公差域 0.2 mm の規制を記入せよ。

（**6**）　（5）と同じ条件で，公差域 0.2 mm，指定オフセット公差域-0.1 mm の規制を記入せよ。

（**7**）　形体を構成するすべての面に輪郭度を規制せよ。公差域 0.2 mm。

解答用紙

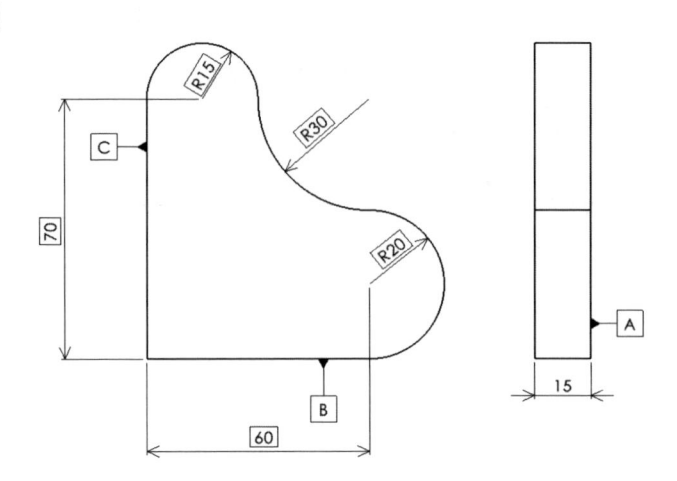

【16】　**問図 16** に四つの貫通穴があるプレートの図面を示す。データム A，B，C の三平面データム系をワーク座標系に設定して，接触式三次元測定機で貫通穴を座標測定した。その結果を**問表 16** に示す。貫通穴の位置度の良・不良を判定せよ。

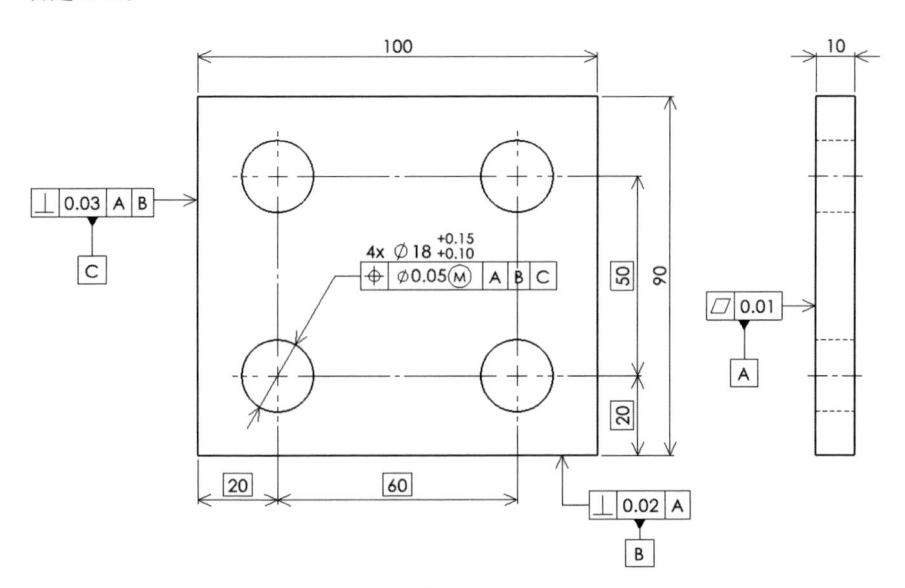

問図 16

問表 16

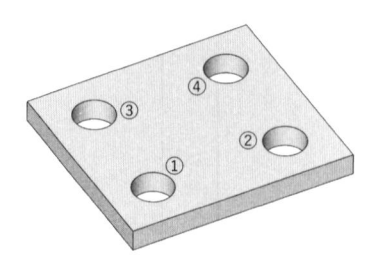

〔mm〕

	x 測定値	y 測定値	直径 測定値
①	20.0107	19.9893	18.1263
②	80.0207	19.9902	18.1236
③	20.0145	69.9855	18.1257
④	80.0221	69.9868	18.1248

演習解答・解説

【1】 それぞれの公差域を**解表1**（a），（b）に示す。

解表1

(a) 公差に MMR を適用しない場合

直径〔mm〕	直角度〔mm〕
50.000	$\phi 0.08$
50.005	$\phi 0.08$
50.010	$\phi 0.08$
50.015	$\phi 0.08$
50.020	$\phi 0.08$
50.025	$\phi 0.08$

(b) 公差に MMR を適用する場合

直径〔mm〕	直角度〔mm〕
50.000	$\phi 0.08$
50.005	$\phi 0.085$
50.010	$\phi 0.09$
50.015	$\phi 0.095$
50.020	$\phi 0.10$
50.025	$\phi 0.105$

直角度の公差域に Ⓜ の適用がなければ，直径と直角度には独立の原則が適用されるので，直径の値に関わらず直角度は $\phi 0.08$ が公差域になる（解表（a））。Ⓜ を適用すると，直径が最大実体サイズ（MMS）のとき直角度は $\phi 0.08$ になる（解表（b））。穴（内側形体）の場合，MMS は最小許容サイズなので，ここでは直径 50.000 mm のとき直角度は公差域 $\phi 0.08$ になる。直径が MMS より大きな値（例えば 50.010）になるとその値から MMS の値を差し引いた値（$50.010 - 50.000 = 0.010$）を公差域に加算することができる（$\phi 0.08 + \phi 0.010 = \phi 0.09$）。

【2】 それぞれの公差域を**解表2**（a），（b）に示す。

直角度の公差域に Ⓜ の適用がなければ，直径と直角度には独立の原則が適用されるので，直径の値に関わらず直角度の公差域は $\phi 0.08$ になる（解表（a））。Ⓜ を適用すると，直径が最大実体サイズ（MMS）のとき直角

解表2

(a)　公差に MMR を適用しない場合　　(b)　公差に MMR を適用する場合

直径〔mm〕	直角度〔mm〕
50.000	$\phi\,0.08$
49.995	$\phi\,0.08$
49.990	$\phi\,0.08$
49.985	$\phi\,0.08$
49.980	$\phi\,0.08$
49.975	$\phi\,0.08$

直径〔mm〕	直角度〔mm〕
50.000	$\phi\,0.08$
49.995	$\phi\,0.085$
49.990	$\phi\,0.09$
49.985	$\phi\,0.095$
49.980	$\phi\,0.10$
49.975	$\phi\,0.105$

度は $\phi\,0.08$ になる（解表（b））。軸（外側形体）の場合，MMS は最大許容サイズなので，ここでは直径 50.000 mm のとき公差域 $\phi\,0.08$ になる。直径の値が MMS より小さな値（例えば 49.990）になると MMS からその値を差し引いた値（$50.000-49.990=0.010$）を公差域に加算することができる（$\phi\,0.08+\phi\,0.010=\phi\,0.09$）。

【3】　それぞれの公差域を**解表3**（a）〜（c）に示す。

　　　　平行度の公差域に Ⓜ の適用がなければ，直径と平行度には独立の原則が

解表3

(a)　公差に MMR を適用しない場合　　(b)　公差に MMR を適用する場合

直径〔mm〕	平行度〔mm〕
35.00	$\phi\,0.05$
35.01	$\phi\,0.05$
35.02	$\phi\,0.05$
35.03	$\phi\,0.05$

直径〔mm〕	平行度〔mm〕
35.00	$\phi\,0.05$
35.01	$\phi\,0.06$
35.02	$\phi\,0.07$
35.03	$\phi\,0.08$

(c)　公差とデータムの両方に MMR を適用する場合

公差付き穴 (直径〔mm〕)	データム A（直径〔mm〕）（浮動の有無）		
	60.00	60.01	60.02
35.00	$\phi\,0.05$（無し）	$\phi\,0.05$（有り）	$\phi\,0.05$（有り）
35.01	$\phi\,0.06$（無し）	$\phi\,0.06$（有り）	$\phi\,0.06$（有り）
35.02	$\phi\,0.07$（無し）	$\phi\,0.07$（有り）	$\phi\,0.07$（有り）
35.03	$\phi\,0.08$（無し）	$\phi\,0.08$（有り）	$\phi\,0.08$（有り）

適用されるので，直径の値に関わらず平行度の公差域は $\phi 0.05$ になる（解表（a））。平行度の公差に Ⓜ を適用すると，直径が最大実体サイズ（MMS）のとき平行度は $\phi 0.05$ になる（解表（b））。穴（内側形体）の場合，MMS は最小許容サイズなので，ここでは直径 35.00 mm のとき公差域 $\phi 0.05$ になる。直径の値が MMS より大きな値（例えば 35.02）になるとその値から MMS の値を差し引いた値（35.02 − 35.00 = 0.02）を公差域に加算することができる（$\phi 0.05 + \phi 0.02 = \phi 0.07$）。

　公差とデータムの両方に Ⓜ が適用されると直径 60.00 mm 以外では，データムの浮動が許容される（解表（c））。

【4】　それぞれの公差域を**解表 4.1**（a）〜（c）に示す。また，位置度の公差を検証する機能ゲージを**解図 4.1** に示す。

解表 4.1

（a）　公差に MMR を適用しない場合

直径〔mm〕	位置度〔mm〕
15.00	$\phi 0.04$
14.99	$\phi 0.04$
14.98	$\phi 0.04$
14.97	$\phi 0.04$
14.96	$\phi 0.04$
14.95	$\phi 0.04$

（b）　公差に MMR を適用する場合

直径〔mm〕	位置度〔mm〕
15.00	$\phi 0.04$
14.99	$\phi 0.05$
14.98	$\phi 0.06$
14.97	$\phi 0.07$
14.96	$\phi 0.08$
14.95	$\phi 0.09$

（c）　公差とデータムの両方に MMR を適用する場合

公差付き軸（直径〔mm〕）	データム A（直径〔mm〕）（浮動の有無）					
	25.00	24.99	24.98	24.97	24.96	24.95
15.00	$\phi 0.04$(無し)	$\phi 0.04$(有り)	$\phi 0.04$(有り)	$\phi 0.04$(有り)	$\phi 0.04$(有り)	$\phi 0.04$(有り)
14.99	$\phi 0.05$(無し)	$\phi 0.05$(有り)	$\phi 0.05$(有り)	$\phi 0.05$(有り)	$\phi 0.05$(有り)	$\phi 0.05$(有り)
14.98	$\phi 0.06$(無し)	$\phi 0.06$(有り)	$\phi 0.06$(有り)	$\phi 0.06$(有り)	$\phi 0.06$(有り)	$\phi 0.06$(有り)
14.97	$\phi 0.07$(無し)	$\phi 0.07$(有り)	$\phi 0.07$(有り)	$\phi 0.07$(有り)	$\phi 0.07$(有り)	$\phi 0.07$(有り)
14.96	$\phi 0.08$(無し)	$\phi 0.08$(有り)	$\phi 0.08$(有り)	$\phi 0.08$(有り)	$\phi 0.08$(有り)	$\phi 0.08$(有り)
14.95	$\phi 0.09$(無し)	$\phi 0.09$(有り)	$\phi 0.09$(有り)	$\phi 0.09$(有り)	$\phi 0.09$(有り)	$\phi 0.09$(有り)

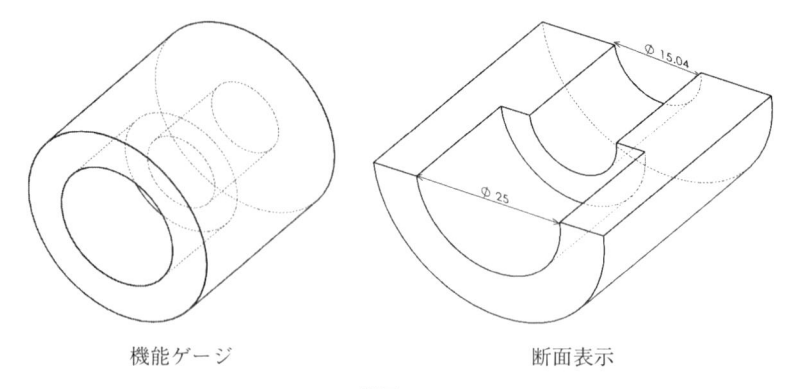

機能ゲージ　　　　　　　　　　　断面表示

解図 4.1

　データムが直径 24.95 mm，公差付き軸が直径 14.95 mm で，二つの軸の形状公差（円筒度）がそれぞれ 0，二つの軸の姿勢公差（平行度）も 0 と仮定すると，**解図 4.2** は機能ゲージに挿入でき，かつ，二つの軸直線が最も離れている状態である。このとき，**解表 4.2** より軸間距離の最大許容値（maximum allowable distance between axis of datum feature and axis of considered feature）は 0.070 mm になる。この距離が軸の偏差になるので，2 倍すると $\phi 0.14$ となる。$\phi 0.14$ は公差の Ⓜ を含む同軸度 $\phi 0.09$ とデータムの浮動 $\phi 0.05$ の和になる。（$\phi 0.14 = \phi 0.09 + \phi 0.05$）。

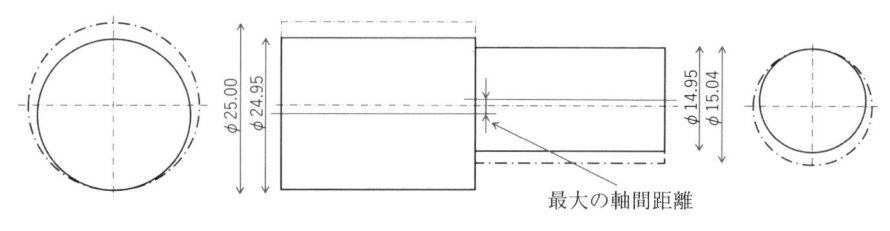

解図 4.2

　つぎに，測定値から位置度の良・不良を検証する。測定値は，直径 24.95 mm と 14.95 mm，軸の偏差 0.07 mm と仮定する。先ず，データムの浮動がない状態（**解図 4.3**）で検証する。公差域は Ⓜ の適用がなければ $\phi 0.04$，Ⓜ の適用があれば $\phi 0.09$（測定値の直径が 14.95mm なので，$\phi 0.05$ を公差に

解表4.2　許容できる最大軸間距離

公差付き軸	データムA（直径〔mm〕）					
（直径〔mm〕）	25.00	24.99	24.98	24.97	24.96	24.95
15.00	0.020	0.025	0.030	0.035	0.040	0.045
14.99	0.025	0.030	0.035	0.040	0.045	0.050
14.98	0.030	0.035	0.040	0.045	0.050	0.055
14.97	0.035	0.040	0.045	0.050	0.055	0.060
14.96	0.040	0.045	0.050	0.055	0.060	0.065
14.95	0.045	0.05	0.055	0.060	0.065	0.070

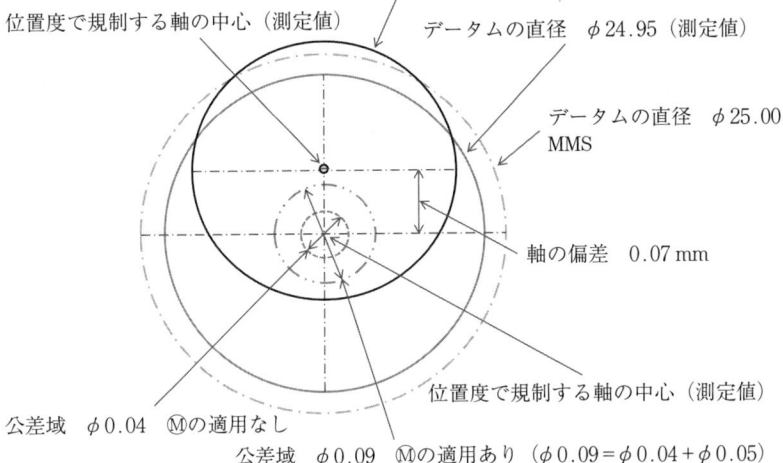

解図4.3　データムの浮動なし

加える）である。この状態では，位置度で規制する軸直線は公差域の外側になるので良・不良の判定は不良となる。しかし，測定のデータムはMMSより$\phi 0.05\,\mathrm{mm}$小さいので，データムを$0.025\,\mathrm{mm}$（$\phi 0.05$の半分）上方に移動（浮動）する（**解図**4.4）と，位置度で規制する軸直線は$\phi 0.09$の公差域に入る。よって，良・不良の判定は良となる。

　三次元測定機では，この浮動を，公差の値が最も小さくなるように最適化計算で移動している。このような煩雑な計算の代わりに，機能ゲージを用いると簡便に検証することができる。機能ゲージはデータム側が$\phi 25.000$，位置度

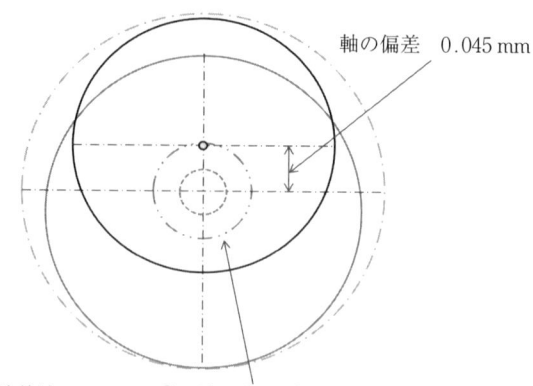

軸の偏差　0.045 mm

公差域　$\phi\,0.09$　Ⓜの適用あり　（$\phi\,0.09 = \phi\,0.04 + \phi\,0.05$）

解図 4.4　データムの浮動あり

を規制する軸側が $\phi\,15.04$ になる。

　問図 4 の形体は，二つの軸を同軸度で規制することもできる。ISO では同軸度に MMR を適用することができるが，ASME の規格では同軸度に MMR を適用することができない。同軸度の代替えとして位置度を使用することができるので，位置度による規制を推奨している。

　3DCAD では，図面作成のとき同軸度を選択すると，MMR が選択できないように設定しているものがある。そのときは，3DCAD のシステム設定を変更して同軸度で MMR が選択できるようにする必要がある。

【5】　公差域と MMVS の値を**解表 5** に示す。

解表 5　公差域と MMVS

直径〔mm〕	位置度〔mm〕	MMVS〔mm〕
10.0	$\phi\,0.1$	10.1
9.9	$\phi\,0.2$	10.1
9.8	$\phi\,0.3$	10.1

　直径 10 mm のとき MMS になる。外側形体の場合，MMVS は直径に公差域を加算したものになるので，10.1 mm が MMVS の値になる。この値が

機能ゲージのサイズになる。

　機能ゲージを**解図5**に示す。格子の頂点に四つの穴の中心があり，貫通
穴の直径は 10.1 mm である。

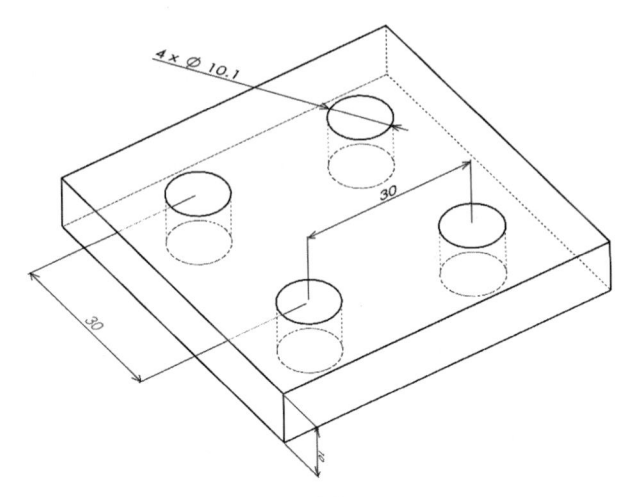

解図5　機能ゲージ

【6】　**解図6.1**に機能ゲージの一例を示す。

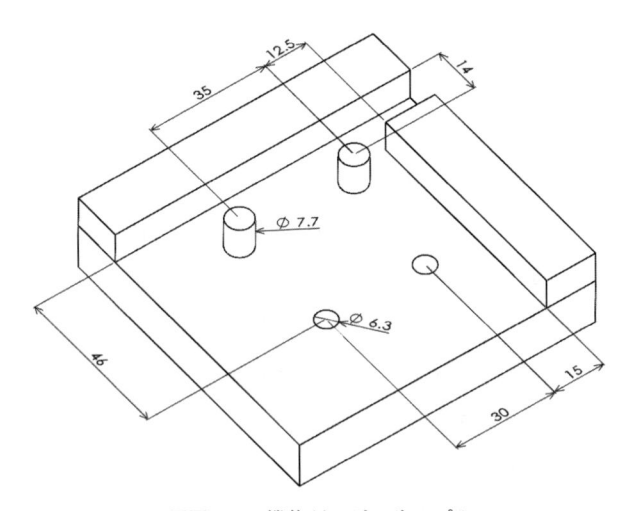

解図6.1　機能ゲージのサンプル

　部品モデルのデータム A は平板の上面，データム B は手前の面，データム C は右側面，三平面の交点が原点である。二つのボスは直径 6 mm，サイズ公差 ±0.1 mm なので，$\phi6.1$ が MMS になる（軸は最大許容サイズが MMS）。そのとき，位置度は公差域 $\phi0.2$ なので MMVS は $\phi6.3$（$=\phi6.1+\phi0.2$）になる。これが，機能ゲージの貫通穴の直径になり，TED の位置が貫通穴の中心になる。

　次に，部品モデルの二つの貫通穴は直径 8 mm，サイズ公差が ±0.1 mm なので，$\phi7.9$ が MMS になる（穴は最小許容サイズが MMS）。そのとき，位置度は公差域 $\phi0.2$ なので MMVS は $\phi7.7$（$=\phi7.9-\phi0.2$）になる。これが機能ゲージのピンの直径になり，TED の位置がピンの中心になる。**解図 6.2** は機能ゲージに部品モデルを挿入し，検査している状態である。

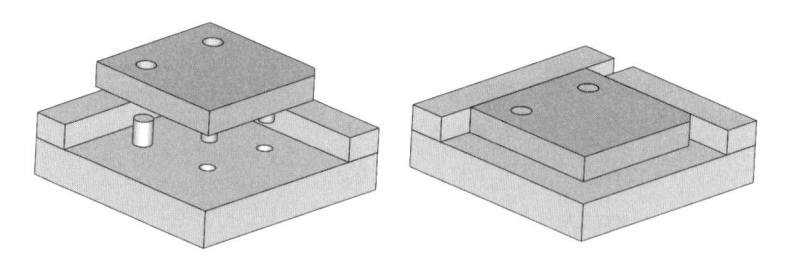

解図 6.2　機能ゲージによる検査例

【7】

（1）　位置度の幾何公差を**解図 7.1** に示す。

（2）　加工サイズは，太い径：39.90 mm，細い径：19.95 mm

　　同軸度：$\phi0.15$（$=\phi0.05+\phi0.1$）（データムの浮動あり）

　　許容できる最大軸間距離　0.1 mm（$=0.025+0.05+0.025$）

　　　　データムの許容できる偏差　0.025 mm（$=0.05\div2$）

　　　　太い径の許容できる偏差　　0.05 mm（$=0.1\div2$）

　　　　位置度の許容できる偏差　　0.025 mm（$=0.05\div2$）

（3）　機能ゲージを**解図 7.2** に示す。

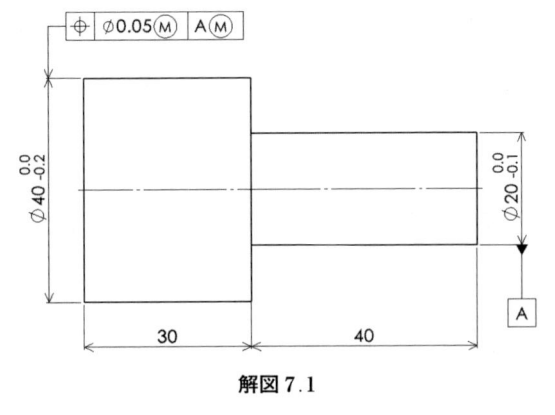

解図7.1

解図7.2　機能ゲージ（断面）

【8】　（1）　**解図8.1**に対称度で規制する図面（解図（a））と，位置度で規制する図面（解図（b））を示す。対称度の代替えとして位置度が使用できる。データムが中間平面なので貫通穴の寸法は水平方向に記入する。幾何公差は，対称度，位置度とも中間平面を中央に左右にそれぞれ0.025 mm，あわせて0.05 mmが公差域になる。

（2）　対称度・位置度の公差域　0.075 mm　（＝0.05（公差域）＋0.025（16.025 − 16.00））

　　　　　貫通穴の中間値　16.025 mm，貫通穴のMMS　16.00 mm

　　　　　データムの中間値　30.00 mm（浮動あり）

（3） 対称度・位置度を検査する機能ゲージの一例を**解図8.2**（a），（b）に示す。

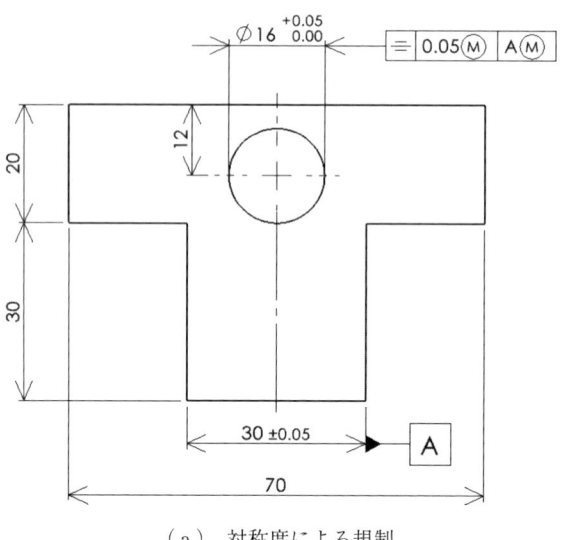

（a） 対称度による規制

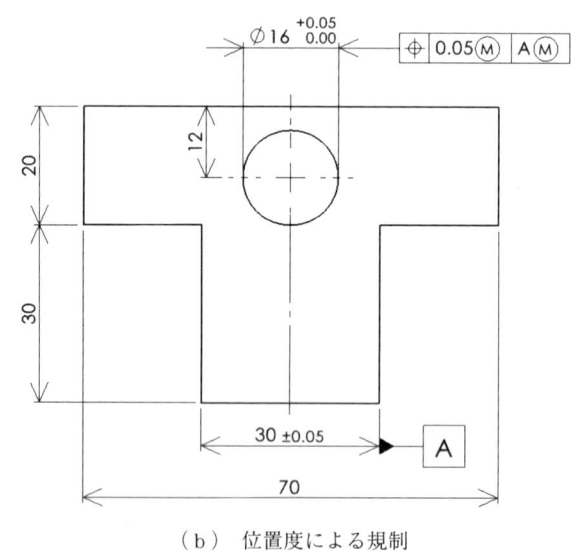

（b） 位置度による規制

解図8.1

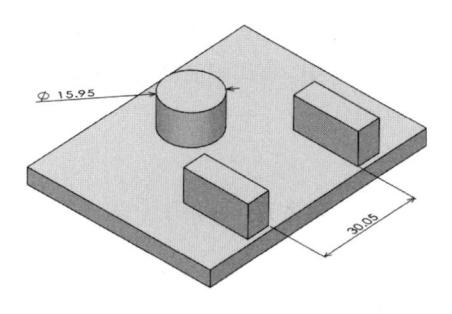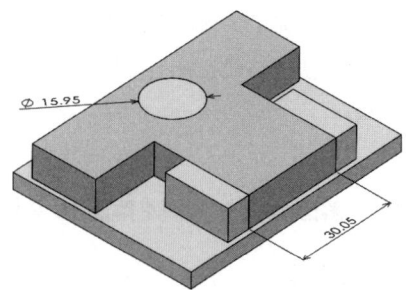

（ a ）　機能ゲージのサンプル　　　　（ b ）　機能ゲージによる部品の検査

問図 8.2　機能ゲージ

【9】　**解図** 9 に全断面の図面を示す。

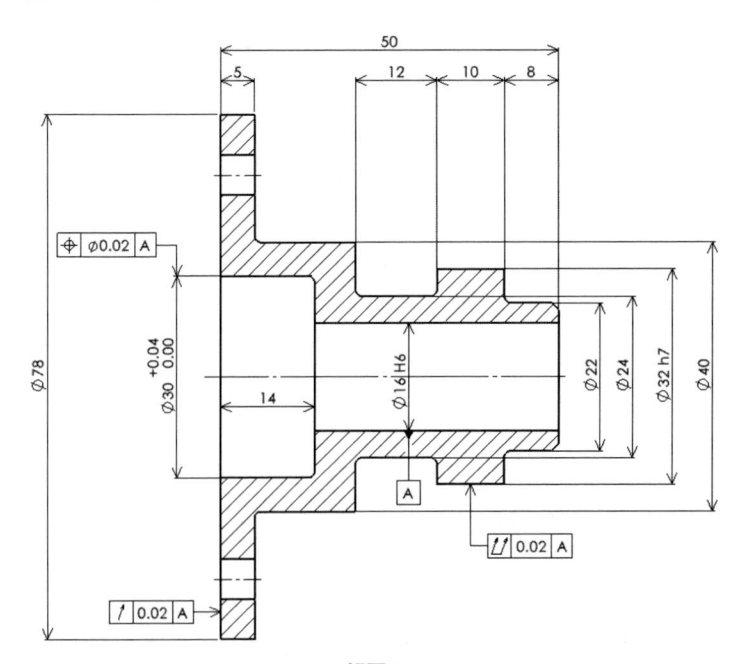

解図 9

　　貫通穴 ϕ 16 の軸直線がデータム A になるので，サイズ公差 H6 を追加し，
寸法線の延長線上にデータム A を記入する。ϕ 32 に，サイズ公差 h7 を追加し

て，円筒側面に全振れを記入する。$\phi 30$ にサイズ公差（$0 \sim 0.04\,\mathrm{mm}$）を追加して，寸法線の延長線上に位置度を記入する。フランジの端面に円周振れを記入する。

【10】　**解図 10.1** に図面を**解図 10.2** に機能ゲージをそれぞれ示す。

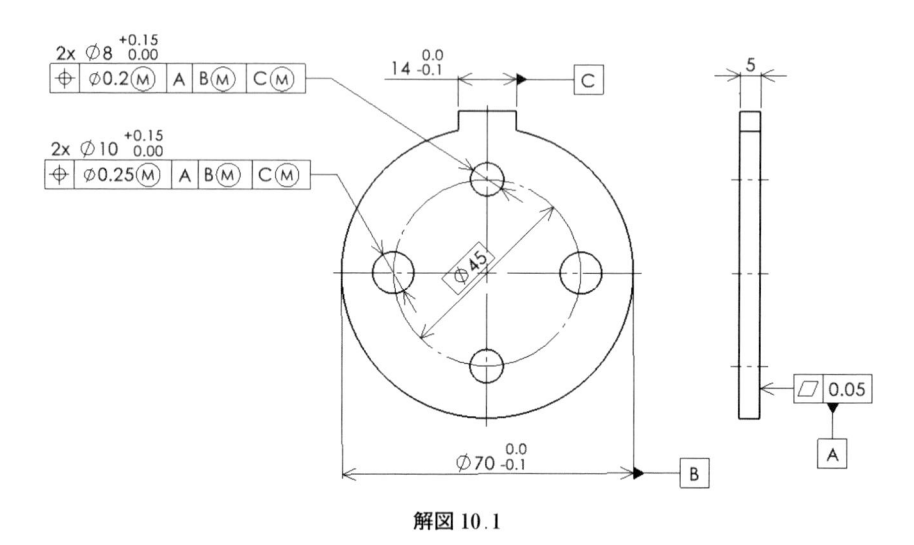

解図 10.1

解図 10.2

【11】　幾何公差を記入した機械部品の図面を**解図 11** に示す。

【作図の解説】

1. ϕ40 にサイズ公差 h6 を記入してから真直度を付け加える。そこに，デー
タム A を設定する。

2. ϕ80 の左端面に直角度を記入し，そこにデータム B を設定する。

3. 16 mm の切欠きにサイズ公差（0.0〜+0.1）を記入し，そこにデータム
C を設定する。

これで，三平面データム系ができあがる。

4. ϕ20 にサイズ公差 h7 を記入し，その軸直線をデータム A に対する同軸
度で規制する。

5. 四つの貫通穴は穴パターンなので，配置位置を TED（ϕ60 と 45°）で示
す。サイズ公差（0.0〜+0.1）を記入し，位置度を記入する。

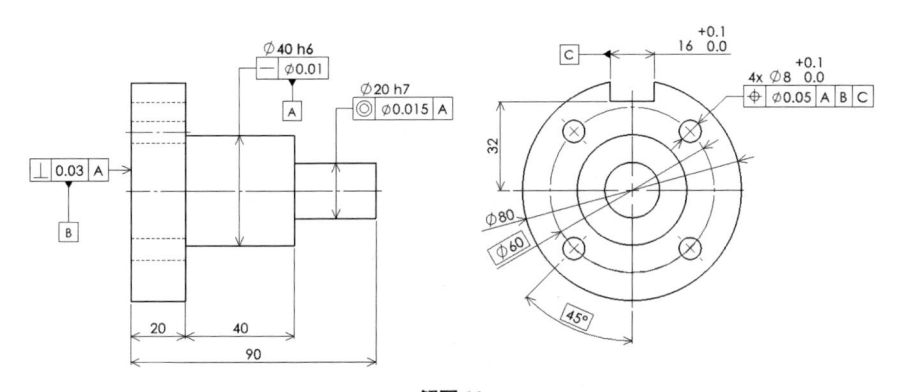

解図 11

【12】　複合位置度公差方式（composite positional tolerancing）について解説す
る。

　穴パターンは三つある。一つは，TED25 mm の格子の頂点に直径 8 mm の四
つの貫通穴である。もう一つは，TEDϕ50 の円周上に均等に配置した六個の
貫通穴である。残りの一つは，直線状に配置した直径 12 mm の三つの貫通穴
である。

　プレートのデータムは，底面がデータム A，手前の側面がデータム B，左の側面がデータム C である。原点から穴パターンの基準までの寸法は TED で示してある。

　複合位置度公差の上段は pattern-locating tolerance，下段は feature-locating tolerance と呼ばれる公差である。上段の公差は三平面データム系に対するもので，ここでは，MMR を適用するので，それを検査する機能ゲージを**解図 12.1** に示す。格子パターンの貫通穴は $\phi 7.80$，円周パターンの貫通穴は $\phi 9.80$，直線パターンの貫通穴は $\phi 11.75$ のピンゲージを TED の位置に配置してある。

　次に，下段の公差は，パターンを構成する形体のデータム A に対するもので，これにも MMR を適用する。格子パターンの貫通穴は $\phi 7.95$，円周パターンの貫通穴は $\phi 9.95$，直線パターンの貫通穴は $\phi 11.90$ のピンゲージで検査することになる。**解図 12.2**，**解図 12.3**，**解図 12.4** に機能ゲージをそれぞれ示す。ピンゲージは TED の位置に配置する。

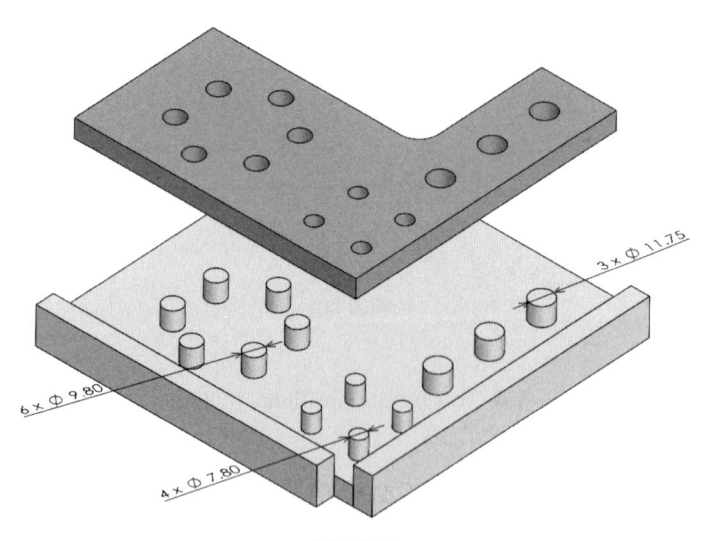

解図 12.1

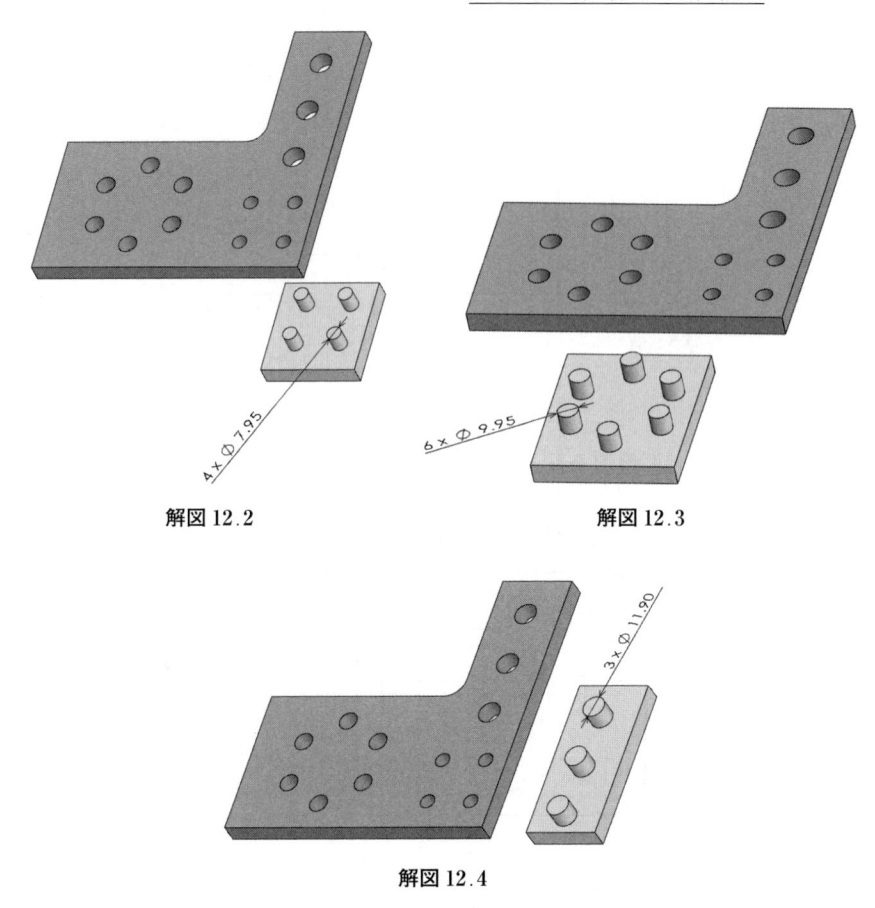

解図 12.2　　　　　　　　　　　解図 12.3

解図 12.4

【13】　解図 13 にデータム，円周振れ，全振れ，円筒度を示す。

【作図の解説】

ϕ18 の寸法線の延長線上にデータム A を，ϕ16 の寸法線の延長線上にデータム B を記入する。共通データム A-B に対する半径方向の円周振れ 0.02 mm とその下に円筒度 0.01 mm を記入する。共通データム A-B に対する軸方向の円周振れ 0.05 を記入する。共通データム A-B に対する全振れ 0.1 を記入する。

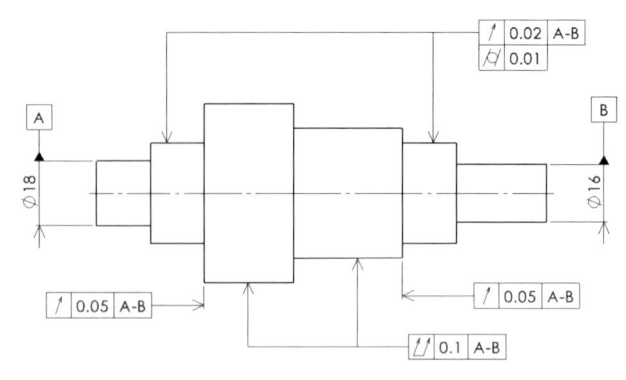

解図 13

【14】　**解図 14** に必要事項を記入した図面を示す。

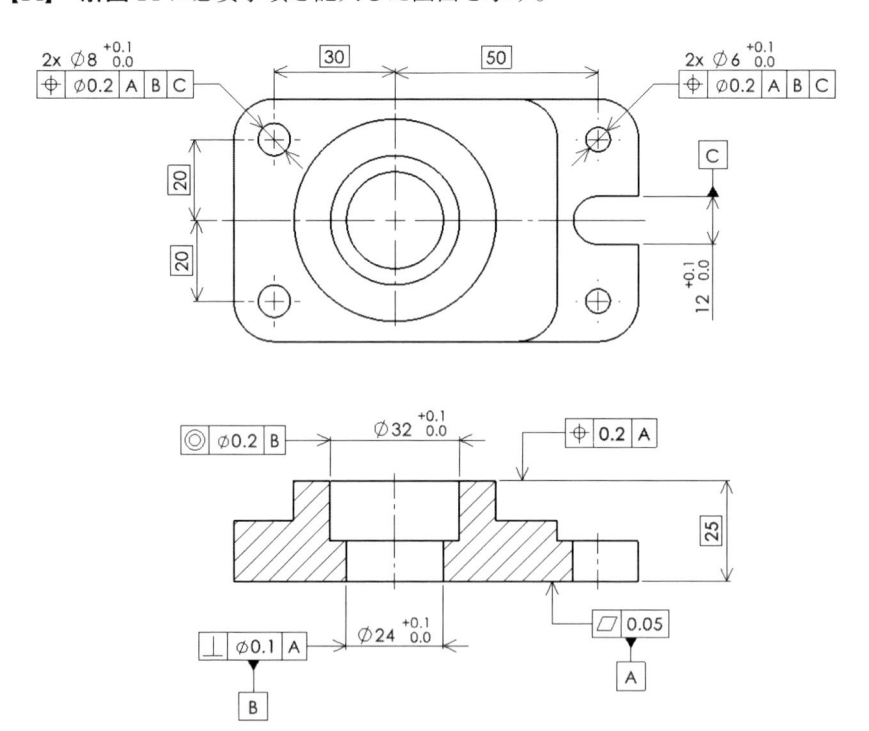

解図 14

【15】　**解図** 15.1 に（1），（5），（6），（7）の輪郭度を，**解図** 15.2 に（2），（3），（4）の輪郭度をそれぞれ示す（（2），（3），（4）は図中の区間 M ↔ N の指示にも注意）。

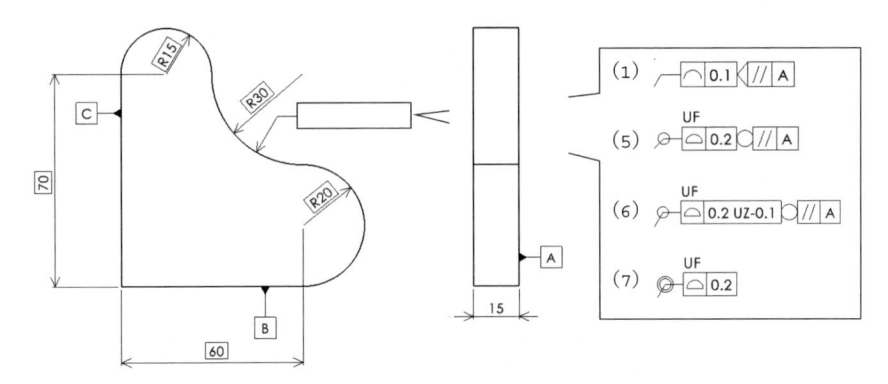

解図 15.1　（1），（5），（6），（7）の輪郭度

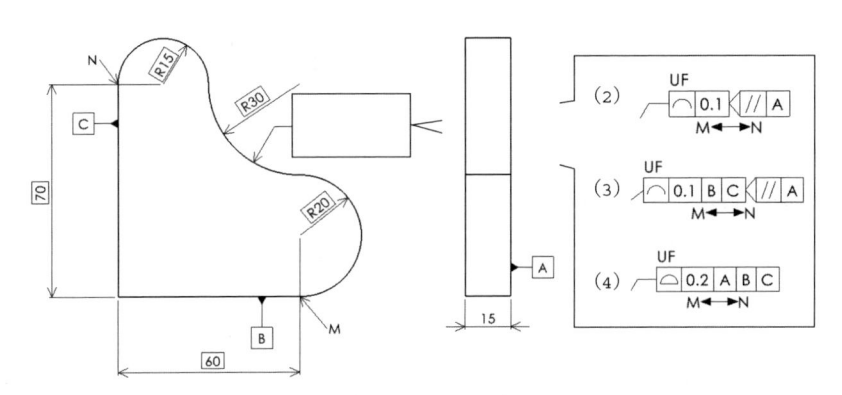

解図 15.2　（2），（3），（4）の輪郭度

【16】　**解表** 16 に貫通穴の中心（x, y）の測定値と設計値の偏差を求め，偏差を 2 倍した値（位置度）とその評価を示す。公差域は Ⓜ の適用がなければ $\phi 0.05$ であるが，適用があると測定値の直径から MMS（直径の最小許容サイズ）を差し引いた値を，$\phi 0.05$ に加えた値が公差域になる。その結果，四つの貫通穴の位置度の良・不良は，すべて良になる。

解表 16

〔mm〕

	x 設計値	y 設計値	直径 設計値	直径 MMS	x 測定値	y 測定値	直径 測定値
①	20.0000	20.0000	18.0000	18.1000	20.0107	19.9893	18.1263
②	80.0000	20.0000	18.0000	18.1000	80.0207	19.9902	18.1236
③	20.0000	70.0000	18.0000	18.1000	20.0145	69.9855	18.1257
④	80.0000	70.0000	18.0000	18.1000	80.0221	69.9868	18.1248

	Δx 測定値-設計値	Δy 測定値-設計値	偏心 $\sqrt{\Delta x^2 + \Delta y^2}$	位置度 測定値	許容位置度 $\phi 0.05$	評価 ○ or ×	許容位置度 $\phi 0.05$ Ⓜ	評価 ○ or ×
①	0.0107	−0.0107	0.0151	0.0303	0.0500	○	0.0763	○
②	0.0207	−0.0098	0.0229	0.0458	0.0500	○	0.0736	○
③	0.0145	−0.0145	0.0205	0.0410	0.0500	○	0.0757	○
④	0.0221	−0.0132	0.0257	0.0515	0.0500	×	0.0748	○

補遺：位置度の突出公差域

　補遺図 1 に示すように板厚 30 mm の部品 A に長さ 60 mm のピンを 6 本挿入し，板厚 30 mm の部品 B を組み付ける場合，ピンの姿勢や位置を規制する必要がある。この場合，部品 B を組付けることを想定して公差域を規制しないと，部品 B をピンに挿入することができない。

　ここで使用するものが補遺図 2 に示す突出公差域である。突出公差域は，その形体自体ではなく，形体の外部に指定する。まず，突出部を細い二点鎖線で描き，サイズには数値の前にⓅを，位置度には公差 $\phi 0.1$ の後ろにⓅを記入する。公差域は形体の外部（二点鎖線の部分）の軸直線を中心に，直径 0.1 mm の円筒になる。

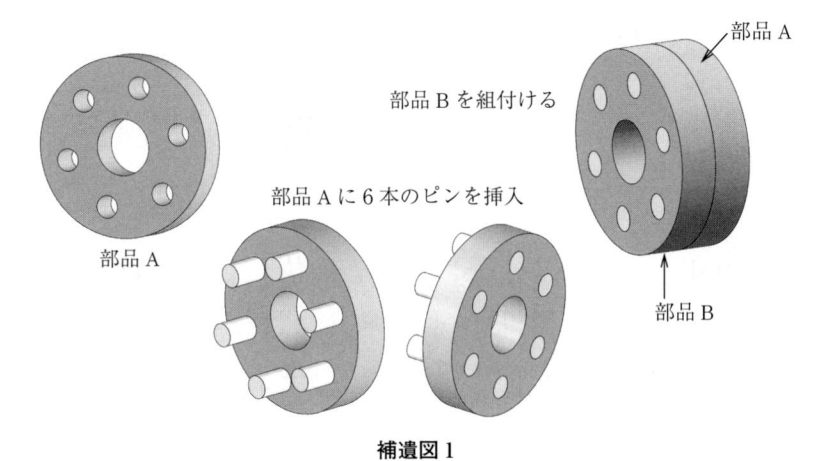

補遺図 1

6x ⌀20 H7
⌖ ⌀0.1 Ⓟ A B

Ⓟ 30　　30

B

⌀50 H6

A

110

A

A

断面図 A-A

補遺図 2

索　　引

―― 著者略歴 ――

1977 年 日本大学理工学部機械工学科卒業
1977 年 静岡県工業試験場研究員
1991 年 日本大学大学院理工学研究科博士後期課程修了（航空宇宙工学専攻），工学博士
1993 年 東京都立工業高等専門学校助教授
2000 年 静岡文化芸術大学助教授
2004 年 静岡文化芸術大学教授
2020 年 静岡文化芸術大学名誉教授

3DCAD 時代における幾何公差の表し方と測定

Geometrical Tolerancing by 3DCAD and Evaluation by Coordinate Measurements

© Tatsuya Mochizuki 2025

2025 年 1 月 23 日　初版第 1 刷発行 　　　　　　　　　　　★

検印省略	著　者　望　月　達　也
	発 行 者　株式会社　コ ロ ナ 社
	代 表 者　牛 来 真 也
	印 刷 所　萩 原 印 刷 株 式 会 社
	製 本 所　有 限 会 社　愛 千 製 本 所

112-0011　東京都文京区千石 4-46-10
発 行 所　株式会社　コ ロ ナ 社
CORONA PUBLISHING CO., LTD.
Tokyo Japan
振替 00140-8-14844・電話(03)3941-3131(代)
ホームページ https://www.coronasha.co.jp

ISBN 978-4-339-04693-9　C3053　Printed in Japan　　　　　（柏原）

18年ぶりの全面大改訂版!

ロボット工学 ハンドブック（第3版）

日本ロボット学会 編

B5判／上製・箱入／1,086頁／本体 38,000円

編集委員会

【委員長】　菅野　重樹（早稲田大学）

【委　員】　長谷川泰久（名古屋大学）　　原田　研介（大阪大学）

尾形　哲也（早稲田大学 / 産業技術総合研究所）

永谷　圭司（東京大学）　　倉林　大輔（東京工業大学）

主要目次

本書の特長

- ロボットに関わる研究者・技術者，大学・高専生にとって役立つ，**最新・最良の必携ハンドブック**。
- 全体を5編構成とし，ロボットのあらゆる事項を網羅した。
- ロボットがあらゆる学問を包含する究極の対象であることから，第Ⅰ編として「ロボット学概論」を設け，第Ⅱ編以降ではロボットの構成要素，制御・知能化技術，産業応用，それらを支える基礎理論などを体系的に学ぶことができる。
- 大改訂にともない，約260名の大学，メーカー，行政機関などの第一線の方々が執筆。
- 主要な用語に対しては，その初出時に対応英語をカッコ書きで付けた。

コロナ社 Web ページに特設サイトを設けました。
書籍の詳細情報が閲覧できます。

定価は本体価格+税です。
定価は変更されることがありますのでご了承下さい。

図書目録進呈◆

ロボティクスシリーズ

（各巻A5判，欠番は品切です）

■編集委員長　有本　卓
■幹　　　事　川村貞夫
■編集委員　石井　明・手嶋教之・渡部　透

定価は本体価格＋税です。
定価は変更されることがありますのでご了承下さい。

図書目録進呈◆

機械系コアテキストシリーズ

（各巻A5判）

■**編集委員長** 金子 成彦
■**編集委員** 大森 浩充・鹿園 直毅・渋谷 陽二・新野 秀憲・村上 存（五十音順）

配本順				頁	本体
		材料と構造分野			
A-1	(第1回)	**材 料 力 学**	渋谷 陽二／中谷 彰宏 共著	348	3900円
A-2		**部 材 の 力 学**	渋谷 陽二 著		
A-3		**機械技術者のための材料科学**	向井 敏司 著		
		運動と振動分野			
B-1		**機 械 力 学**	吉村 卓也／松村 雄一 共著		
B-2		**振 動 波 動 学**	金子 成彦／姫野 武洋 共著		
		エネルギーと流れ分野			
C-1	(第2回)	**熱 力 学**	片岡 憲一／吉田 憲司 共著	180	2300円
C-2	(第4回)	**流 体 力 学**	鈴木 康樹／関谷 直義／彭 國均／松田 浩／沖田 浩平 共著	222	2900円
C-3	(第6回)	**エネルギー変換工学**	鹿園 直毅 著	144	2200円
		情報と計測・制御分野			
D-1		**メカトロニクスのための計測システム**	中澤 和夫 著		
D-2		**ダイナミカルシステムのモデリングと制御**	髙橋 正樹 著		
		設計と生産・管理分野			
E-1	(第3回)	**機 械 加 工 学 基 礎**	松村 隆／笹原 弘之 共著	168	2200円
E-2	(第5回)	**機 械 設 計 工 学**	村上 存／柳澤 秀吉 共著	166	2200円

図書目録進呈◆

設 計 論
― 製品設計からシステムズイノベーションへ ―

藤田 喜久雄 著

A5判／494頁／本体7,600円

内容紹介

イノベーティブな製品・サービス・経験を生み出すための「設計工学」指南書。設計対象をシステムととらえ，いわゆる「設計学」や「デザイン学」の分野を横断し，汎用可能な知として議論の展開を行った。設計・デザインに携わる方必携！

主要目次

定価は本体価格+税です。
定価は変更されることがありますのでご了承下さい。

‖‖‖‖‖‖‖‖‖‖‖‖‖‖‖‖‖‖‖‖‖‖‖‖ 図書目録進呈◆

機械系教科書シリーズ

（各巻A5判，欠番は品切です）

■編集委員長　木本恭司
■幹　　事　平井三友
■編集委員　青木　繁・阪部俊也・丸茂榮佑

定価は本体価格＋税です。
定価は変更されることがありますのでご了承下さい。

図書目録進呈◆